趣味无穷的庄园

彩绘版

纸上魔方 编绘

贵州出版集团
贵州人民出版社

图书在版编目（CIP）数据

趣味无穷的庄园 / 纸上魔方编绘 . -- 贵阳：贵州人民出版社，2014.1

（世界如此奇妙）

ISBN 978-7-221-11754-0

Ⅰ . ①趣… Ⅱ . ①纸… Ⅲ . ①民居－世界－少儿读物 Ⅳ . ① TU241.5-49

中国版本图书馆 CIP 数据核字（2014）第 003914 号

趣味无穷的庄园

作者　纸上魔方
选题策划　李超
责任编辑　康征宇
贵州人民出版社出版发行
贵阳市中华北路 289 号　邮编　550004
发行热线：010-59623775　010-59623767
大厂回族自治县正兴印务有限公司
2016 年 5 月第 1 版第 4 次印刷
开本　880mm × 1230mm　1/16
字数　100 千字　印张　10.5
ISBN 978-7-221-11754-0
定价　28.80 元

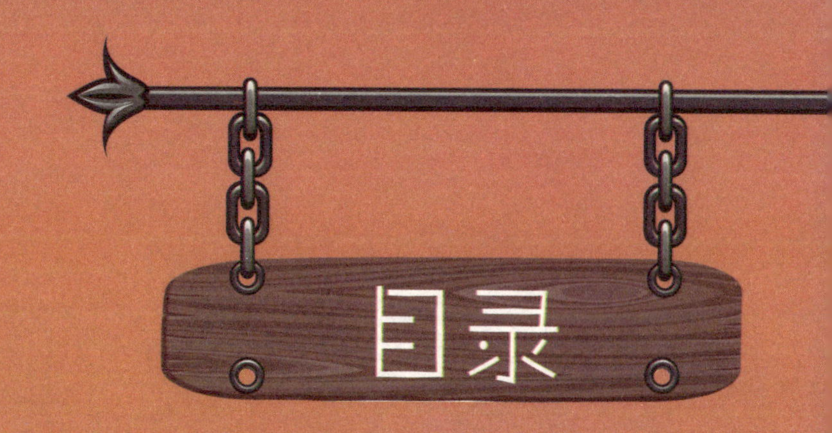

目录

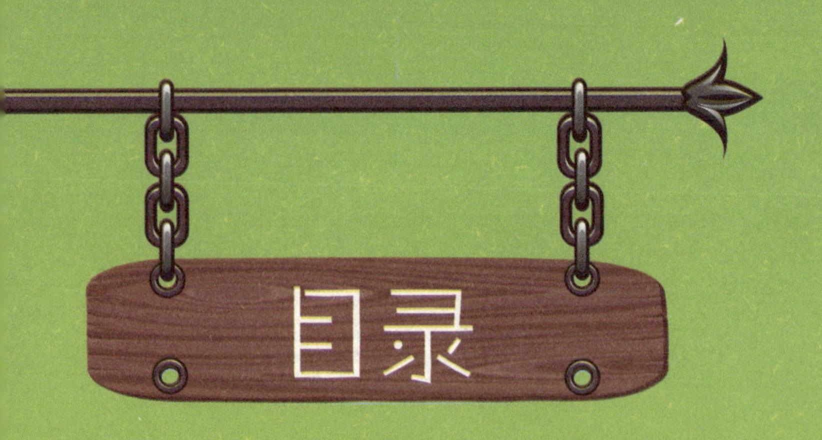

目录

盛产葡萄酒的拉菲庄园

一说到葡萄，大家肯定会想到那晶莹剔透、青翠欲滴的果粒，让人忍不住垂涎三尺。而用葡萄酿制而成的葡萄酒更具有独特的芳香。那你们知道世界上最有名的葡萄酒产自哪里吗？告诉

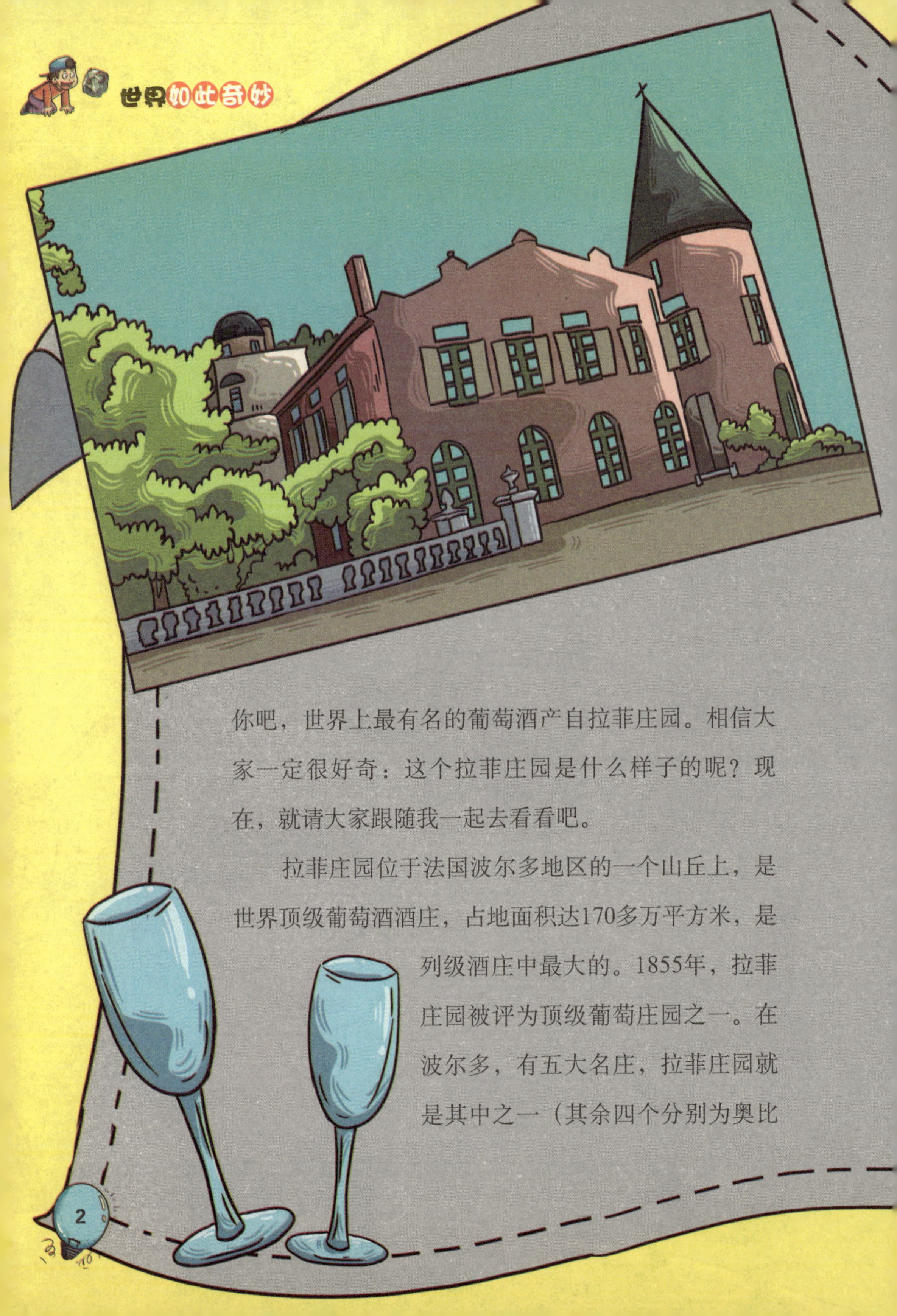

你吧，世界上最有名的葡萄酒产自拉菲庄园。相信大家一定很好奇：这个拉菲庄园是什么样子的呢？现在，就请大家跟随我一起去看看吧。

拉菲庄园位于法国波尔多地区的一个山丘上，是世界顶级葡萄酒酒庄，占地面积达170多万平方米，是列级酒庄中最大的。1855年，拉菲庄园被评为顶级葡萄庄园之一。在波尔多，有五大名庄，拉菲庄园就是其中之一（其余四个分别为奥比

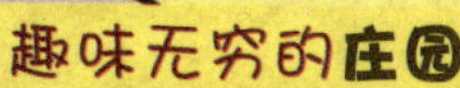

昂庄园、拉图庄园、玛歌庄园以及木桐庄园）。在这五大庄园中，拉菲庄园被认为是其中最为典雅的。

拉菲庄园至今已经有几百年的历史了。在13世纪中期，法国大小的村庄城镇中有很多修道院。位于波亚克村北部的维尔得耶修道院就是拉菲庄园的所在地。1354年，一个姓拉菲的贵族修建起了拉菲庄园。由于拉菲辛勤劳作，对庄园像是对自己的小孩一样，使得这个庄园越来越出名了。

在拉菲庄园中，占地面积最广的要数葡萄园了，达到100万平方米左右。葡萄园主要分布在三个地区，分别是围绕庄园主题修建的山丘、城堡以及毗邻的圣爱斯泰夫村。这三块土地的气候和土壤都非常得天独厚，日照充足，底

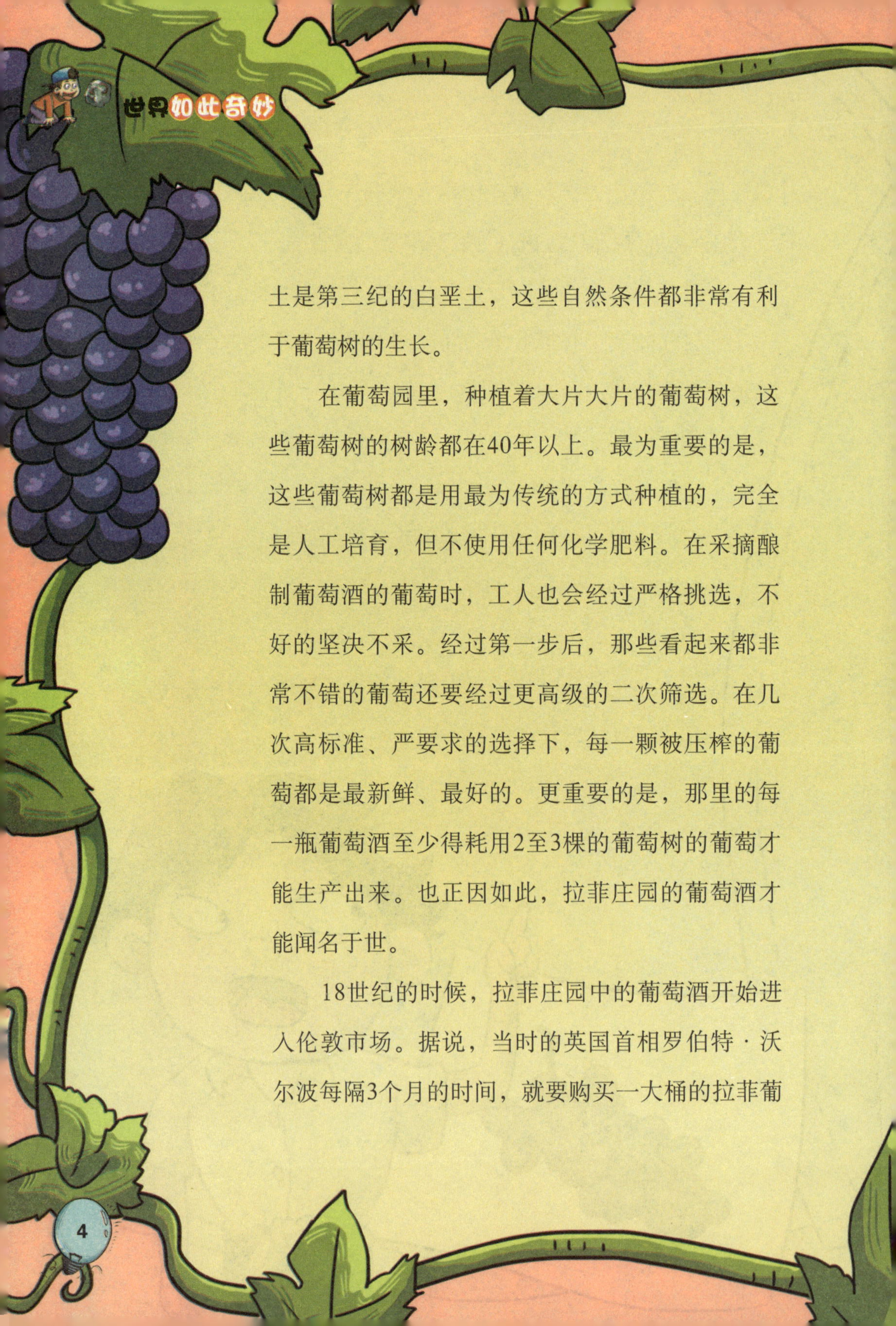

土是第三纪的白垩土，这些自然条件都非常有利于葡萄树的生长。

在葡萄园里，种植着大片大片的葡萄树，这些葡萄树的树龄都在40年以上。最为重要的是，这些葡萄树都是用最为传统的方式种植的，完全是人工培育，但不使用任何化学肥料。在采摘酿制葡萄酒的葡萄时，工人也会经过严格挑选，不好的坚决不采。经过第一步后，那些看起来都非常不错的葡萄还要经过更高级的二次筛选。在几次高标准、严要求的选择下，每一颗被压榨的葡萄都是最新鲜、最好的。更重要的是，那里的每一瓶葡萄酒至少得耗用2至3棵的葡萄树的葡萄才能生产出来。也正因如此，拉菲庄园的葡萄酒才能闻名于世。

18世纪的时候，拉菲庄园中的葡萄酒开始进入伦敦市场。据说，当时的英国首相罗伯特·沃尔波每隔3个月的时间，就要购买一大桶的拉菲葡

萄酒。可见，拉菲庄园的葡萄酒是多么受欢迎了！

如今，拉菲庄园在世界葡萄酒界中几乎是无人不知，无人不晓了。曾有人这样形容拉菲庄园中的葡萄酒的味道：“刚打开时，你可以闻到烟草、黑樱桃、紫罗兰的馨香，经过1小时左右的醒酒之后，那些经过长期发酵的味道与细密的橡木味开始展现。而且，这些酒的酒体浓郁、饱满，看起来非常的诱人，细细品味后还能感受到里面甜美芬芳的新鲜水果气息。”

拉菲庄园的葡萄酒真的有那么美味吗？估计你也非常想到这个美丽的庄园去参观一下吧？不要着急，等你们长大了，一定会有机会到那里参观，并亲口品尝一下那里盛产的葡萄酒的。

葡萄酒的酿制工艺

葡萄酒深受人们的喜爱。那么，葡萄酒是怎么酿制出来的呢？酿制葡萄酒的工艺早在6000多年前就出现了。要想酿制出最优质的葡萄酒，最重要的一步就是将红葡萄果皮中的花色素和一种叫单宁的物质最大限度地提取出来。因为它们是葡萄酒颜色和口感的决定性因素。酿造葡萄酒需要经过的工艺流程主要有：筛选，酿制红葡萄酒就要选用红葡萄；去皮去梗，去皮是为了让葡萄汁和皮充分接触，去梗是为了清除梗中的异味；浸皮和发酵，这个过程大约需要一个月的时间。在这之后还要经过榨汁、澄清、调配等工艺。由此可见，葡萄酒的酿造可不是一件简单的事情哦。

被称为“滴金庄”的伊甘酒庄

法国的庄园有一个定律，那就是哪里有庄园，哪里就能闻到醇香的葡萄酒。在法国波尔多地区，有两样东西在世界上最为出名：一样是葡萄酒，还有一样就是专门酿制葡萄酒的庄园，也就是酒庄。

在其他很多国家，庄园只是零星分布，但是在法国波尔多，庄园却是一片片的，而不是一个个的。这些庄园因为法国的葡萄

酒文化不断地被世人所知。在这里，就再给大家介绍一个庄园，也就是酒庄——伊甘酒庄。

伊甘酒庄位于法国波尔多酒区的苏玳分产区，距离波尔多市区大约有30千米。这个酒庄的面积有150万平方米，但大部分面积都用来种植葡萄树。因为这里生产的葡萄酒滴滴皆金，因此伊甘酒庄也被称为“滴金庄”。

为什么这里的葡萄酒这么贵呢？

要回答这个问题，还要从伊甘酒庄的葡萄说起。在日常生活中，我们如果看到发霉的葡萄，一定会毫不犹豫地将其

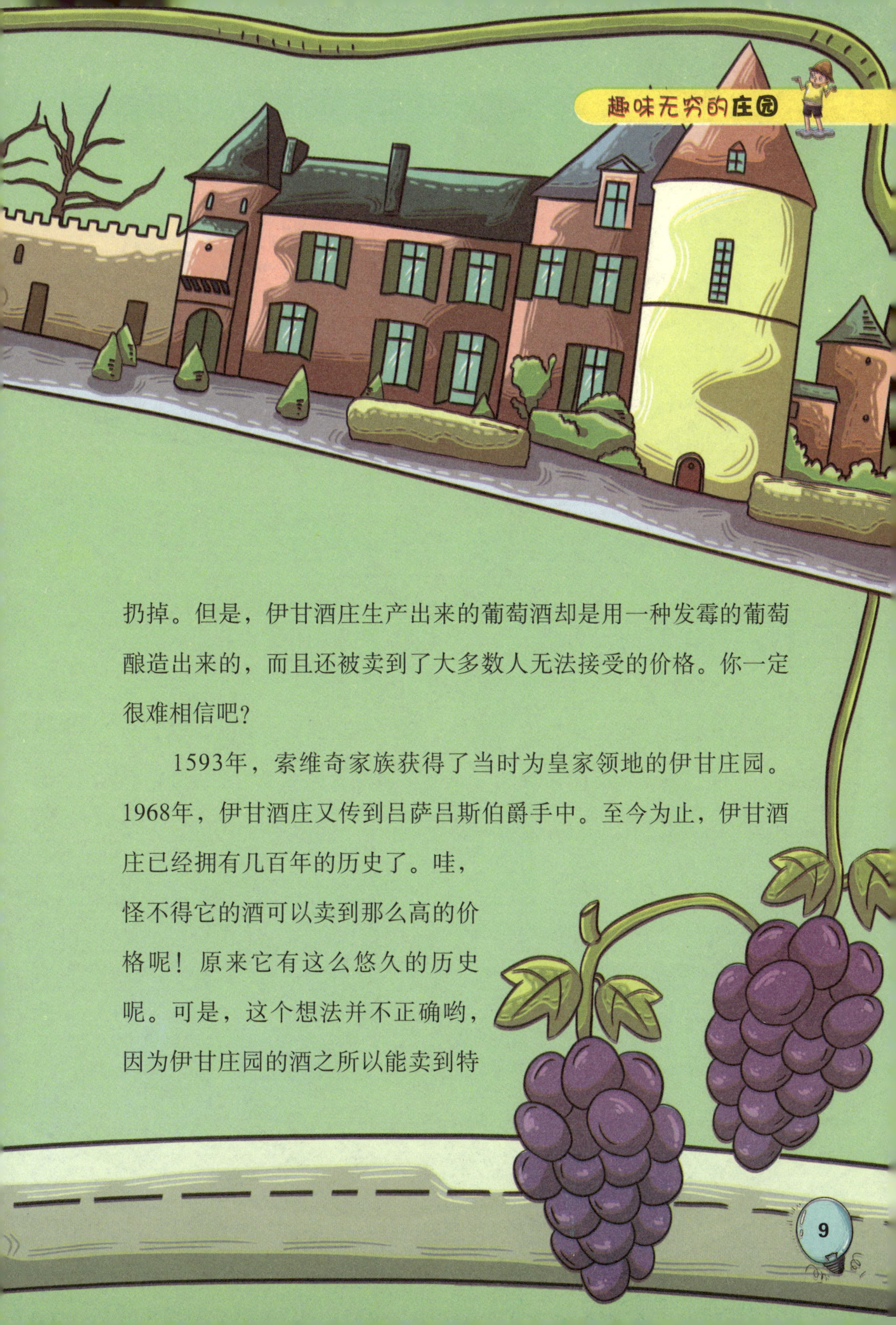

扔掉。但是，伊甘酒庄生产出来的葡萄酒却是用一种发霉的葡萄酿造出来的，而且还被卖到了大多数人无法接受的价格。你一定很难相信吧？

1593年，索维奇家族获得了当时为皇家领地的伊甘庄园。1968年，伊甘酒庄又传到吕萨吕斯伯爵手中。至今为止，伊甘酒庄已经拥有几百年的历史了。哇，怪不得它的酒可以卖到那么高的价格呢！原来它有这么悠久的历史呢。可是，这个想法并不正确哟，因为伊甘庄园的酒之所以能卖到特

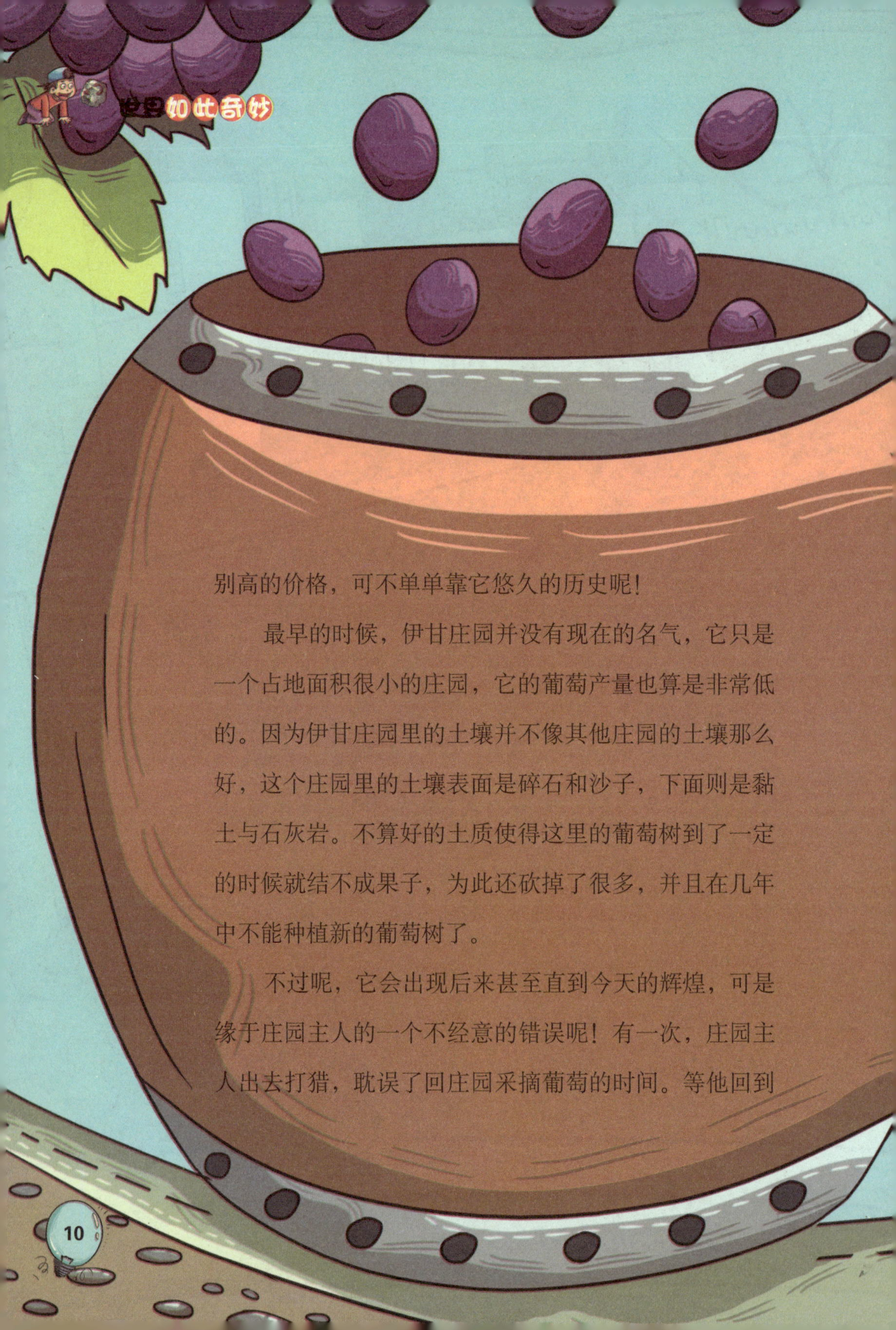

别高的价格，可不单单靠它悠久的历史呢！

最早的时候，伊甘庄园并没有现在的名气，它只是一个占地面积很小的庄园，它的葡萄产量也算是非常低的。因为伊甘庄园里的土壤并不像其他庄园的土壤那么好，这个庄园里的土壤表面是碎石和沙子，下面则是黏土与石灰岩。不算好的土质使得这里的葡萄树到了一定的时候就结不成果子，为此还砍掉了很多，并且在几年中不能种植新的葡萄树了。

不过呢，它会出现后来甚至直到今天的辉煌，可是缘于庄园主人的一个不经意的错误呢！有一次，庄园主人出去打猎，耽误了回庄园采摘葡萄的时间。等他回到

庄园一看，发现那些葡萄都已经开始发霉腐烂了。庄园主人不忍心自己辛苦种植的葡萄就这样被扔掉了，于是便抱着试试的心态用那些发霉变质的葡萄去酿酒。结果，他惊讶地发现用这种霉变了的葡萄酿出的酒，味道竟然更加香甜。从此之后，庄园主人就开始用腐烂的葡萄酿酒了。慢慢的，伊甘庄园的名气就越来越大了。

庄园主人为了能保证葡萄酒的品质，用来酿酒的葡萄可都是用手工一颗一颗采摘的，而且只采摘那些霉变了的葡萄。不仅如此，这种葡萄酒的发酵时间也很长。所以，当月酿造出来的酒需

要花费6年的时间才能在市面上出现。若是遇上葡萄还没到腐霉的时间，伊甘酒庄为了保证葡萄酒的质量，绝对不会对外推出。

在葡萄成熟的时候，伊甘酒庄的夜晚和清晨常常弥漫着浓雾，使得葡萄感染一种“贵族霉”。所以，伊甘酒庄推出的葡萄酒还有一个特别的名字，叫伊甘贵腐甜酒。它的味道非常甜，与其他的葡萄酒在口感上有很大的区别。不过呢，它的价格也是非常昂贵，普通人是很难品尝到它的美味的。

复制出来的里鹏庄园

对红酒有一定了解的人都知道，红酒的年份越长，品质越好。所以，市场上出现的大多数有名的红酒，其出产地——庄园也有一定悠久的历史。但是，在法国，有一个庄园却不是这样，它的“年龄”在其他庄园中可以说是年幼的，但其生产的红酒却可以说是世界上几种最为珍贵的葡萄酒之一。能在这么短的时间内生产出那么好的葡萄酒，这个庄园一定非常厉害吧？现在我们

就一起去这个庄园看看吧。

这座庄园就是位于法国波尔多波美侯产区的里鹏庄园。它没有多姿多彩的历史，也没有宏伟的城堡和美丽的花园。最初的时候，里鹏庄园并不出名，面积非常小，占地只有1万平方米左右，只能算作一小块葡萄园而已，完全称不上庄园。它生产出来的葡萄酒也并没有什么质量，庄园主人常常以散装酒的形式将其低价销售出去。另外，当时在它的旁边有一个已经很有些名气的柏翠庄园，所以这片葡萄园更加被埋没了。

后来，有一个酒商从这里路过，发现了这片葡萄园。经过察看，他发现这里的气候、环

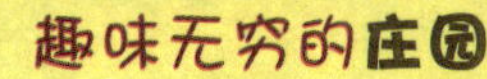

境都非常适合葡萄酒的生长，于是，便花下了令人难以置信的价格买下了这个小小的里鹏酒园。

酒商看到不远处的柏翠庄园后，便给自己定下了一个目标，就是要把这个小小的里鹏葡萄园发展成另一个柏翠庄园。于是，他在庄园里面种上了跟柏翠庄园一样的葡萄品种，所用的种植方式、酿造工艺都和柏翠庄园的一模一样。通过复制柏翠庄园，从里鹏庄园酿造出来的酒深受广大爱好美酒的人的喜好。

渐渐的，里鹏庄园的名声越来越大了。后来，庄主就买下了旁边的一块小酒田，将葡萄园的规模扩大了，逐渐变成了一座庄园的形式。我们今天看到的里鹏庄园就这样建成了，这时的面积是当初面积的2倍还多。

看到这里，你一定会发出疑问：这里的酒不是跟附近的柏翠庄园的酒一样的吗？无论从环境、原料还有酿造方法都是一样的，那酒的口味应该也差不多吧。如果你这样想，

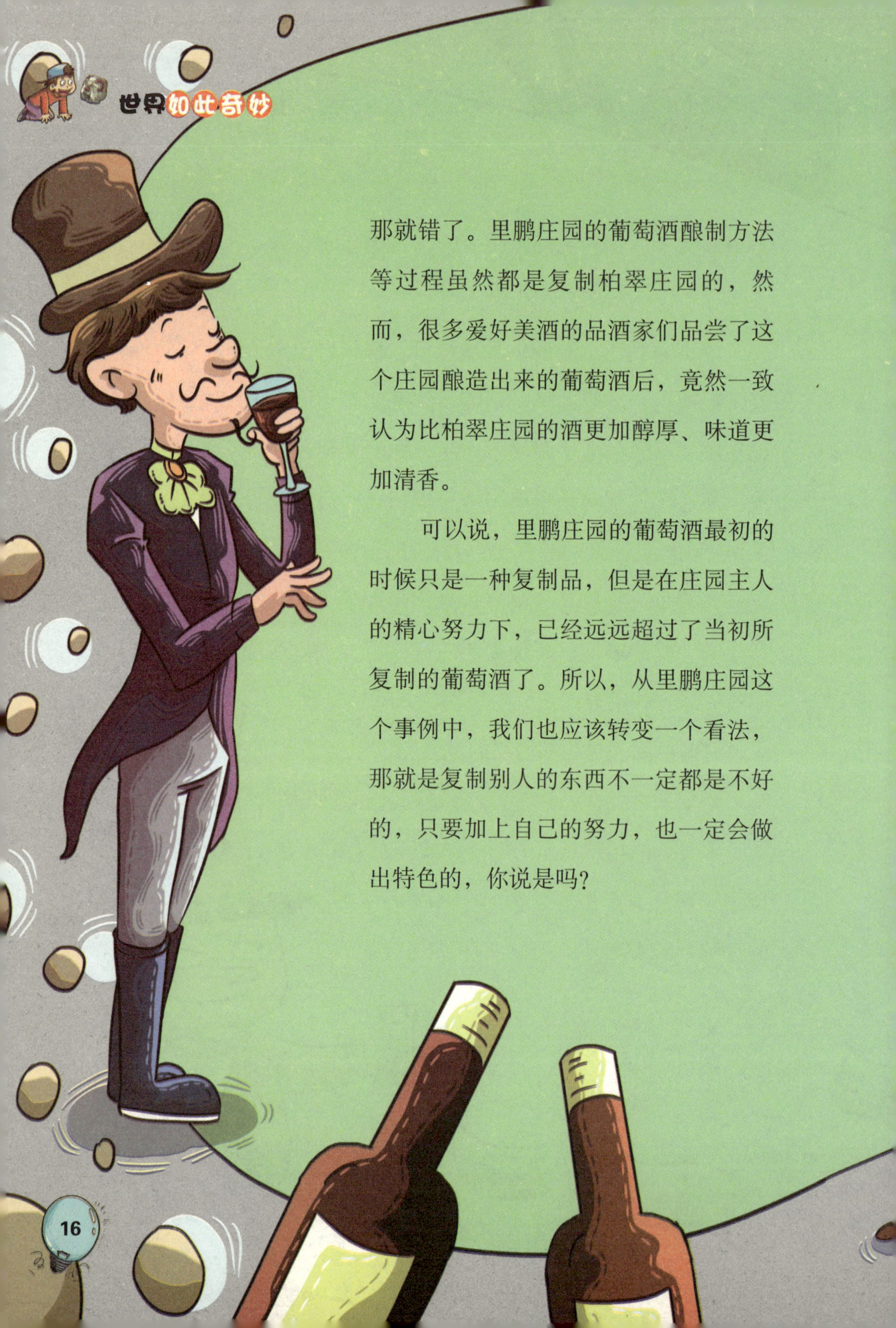

那就错了。里鹏庄园的葡萄酒酿制方法等过程虽然都是复制柏翠庄园的，然而，很多爱好美酒的品酒家们品尝了这个庄园酿造出来的葡萄酒后，竟然一致认为比柏翠庄园的酒更加醇厚、味道更加清香。

可以说，里鹏庄园的葡萄酒最初的时候只是一种复制品，但是在庄园主人的精心努力下，已经远远超过了当初所复制的葡萄酒了。所以，从里鹏庄园这个事例中，我们也应该转变一个看法，那就是复制别人的东西不一定都是不好的，只要加上自己的努力，也一定会做出特色的，你说是吗？

最为古老的瓦伦福德咖啡庄园

在咖啡王国中，有一种可以称的上“王族”的咖啡——蓝山咖啡。蓝山咖啡的身价之所以那么高，除了它的口感独特外，更为重要的就是它的产量在众多咖啡品种中算是比较少的。但是，在世界上有一个地方，却种植了大面积的蓝山咖啡，而且现在市场上大部分蓝山咖啡都是出自那里。它就是瓦伦福德咖啡庄园。

瓦伦福德咖啡庄园位于加勒比海的牙买加岛上。其实如果仔细观察市场上卖的那些蓝山咖啡，一定能发现这个庄园的身影。在这个庄园中，种植着大面积的蓝山咖啡。为什么这里的咖啡要起这样一个名字呢？

原来，在牙买加岛的东部有一片雄伟的山峰。蔚蓝的海水在阳光的照耀下将山峰染成淡淡的蓝色，因此，人们将这片山峰称为蓝山。蓝山山脉的高度大约有2000多米，虽然牙买加的天气非常炎热，但是蓝山上的气候却非常独特，常年保持一定的气温，非常凉爽，降水也十分充沛，终年都是阳光明媚的，再加上蓝山上的土壤非常肥沃。这一切为咖啡的生长提供了得天独厚的条

件，使得生长在蓝山的那些咖啡豆味道非常的独特。现在大家一定非常清楚了，原来蓝山咖啡的名字是因为其种植地在蓝山而得名的呀！

蓝山的地势非常崎岖，瓦伦福德咖啡庄园位于山坡大约45°的地方。这样的斜度，非常适合咖啡的生长。因为如果山势太陡的话，肯定留不住雨量；如果太平坦的话，过多的雨量则会破坏咖啡的生长。正因为这样苛刻的条件，所以蓝山的可耕面积是非常少的。

那么，瓦伦福德咖啡庄园到底有多古老呢？它的历史可以追溯到1746年。当时，一支英国的海军舰队来到了牙买加岛上。这支海军舰队中有一个当时非常有名的植物学家，名叫马修·福伦，是一位爵士。当他跟随舰队来到这个岛上时，出于自己的爱好，对岛上的植被进行了仔细的观察。他发现，在蓝山这个地方，阳光明媚，气候环境非常好，土壤也非常肥沃，非常适合咖啡的生长。于是，他决定买下那里的一大片土地，大面积种植咖啡。因为这里的环境比其他地方优越很多，逐渐地，这个庄园就越来越有名了。在之后的很多年中，瓦伦福德咖啡庄园种植出来的蓝山咖啡都被称为世界上最优秀的牙买加蓝山咖啡呢。

现在，咖啡可是牙买加的主要经济作物。在这个岛上，除了瓦伦福德咖啡庄园，还有其他很多咖啡庄园呢！蓝山咖啡以其浓郁的芳香、醇滑的口感闻名于世。但是，虽然咖啡很好喝，却并不适合我们青少年，所以大家还是不要去品尝为好。但有机会你可以去瓦伦德咖啡庄园参观一下！

戴安娜王妃生活过的奥尔索普庄园

大家一定看过《喜洋洋和灰太狼》这部动画片吧，那你喜欢那座漂亮的狼堡吗？其实，在世界的某一个角落，有一座城堡比灰太狼的城堡还要漂亮，而且在这个城堡中还曾住着一位美丽的王妃。说到这里，肯定有很多女孩子都羡慕不已吧？现在，就让我们走进这座美丽的城堡去看一看吧。

这座美丽的城堡叫奥尔索普庄园，位于英格兰北部的普敦郡，是一座带着浓浓古典气息、历史悠久的英格兰风格的庄园。

它离英国繁华的大都市很近，绝对可以称得上是一座闹中取静的庄园呢。也许大家对这个庄园的名字感到很陌生，但是它却是一座名副其实的王妃的城堡！

这位让人羡慕的英国高贵的王妃，虽然被人称为王妃，但是她却一点都没有王妃的架子呢。可能有些人知道她的名字，她就是戴安娜王妃。这位由于车祸逝去的王妃，活着的时候为世界慈善事业作出了很大的贡献。她努力地帮助贫困的人，让他们能够有生活下去的勇气。戴安娜生前曾说过这样一句话：“没有什么比帮助社会上最羸弱无助的人会给我带来更大的快乐。这是我生活的内容和追求，是命运的安排。不管什么人遭遇不幸，都可以向我发出呼唤，不管他们身在何方，我都将飞奔而去。”她优雅、高贵的气质，更是让很多人赞叹不已。这位漂亮的王妃，从

13岁开始一直到她离开人世，就生活在这座奥尔索普庄园里。

一走进庄园，你就会觉得自己像是进入了16世纪的欧洲。这里收藏了很多欧洲最精致的私人家具，还有戴安娜王妃家族最喜欢的图片以及陶瓷品。若是你们有机会在某个节日去那儿，一定会发现那里透着一种浓浓的节日气氛！所以说，奥尔索普庄园不仅仅是一座气派非凡的住宅，而且也是一种更高贵的生活方式的标志。

也许很多人会说，奥尔索普庄园似乎跟其他地方的大庄园没什么区别啊，都是显得那么华丽。其实，在这个占地40多万平方米的辽阔庄园里有个绿树掩映的椭圆形小湖，那里才算是它与众不同的地方呢。因为戴安娜王妃就是长眠在这个远离尘嚣但又不会太孤独的小岛上。在岛上，我们看不到华贵的坟墓，只有一座洁白的纪念碑。纪念碑高约2米，在上面还有一朵含苞欲放的白玫瑰。

在奥尔索普庄园中，还有6个展览室，规划成6个主题馆，对戴安娜的一生进行详细地介绍。在这里，可以通过很多实物以及录像看到戴安娜短暂的一生。这里包括她满月时的洗礼、1岁时过生日的情景、8岁时游泳的情景，甚至还有查尔斯王储送给她的圣

诞卡以及她在那个世纪婚礼上穿的长达7米的婚纱等。

长眠着戴安娜王妃的奥尔索普庄园可是世人都想一看的地方。只要去那里游览的游客，去的时候一定都会手捧水灵灵的玫瑰，去献给他们心目中永远的王妃。假如你有机会去那儿的话，一定要记得去看看那座纪念碑。不过呢，你们必须得挑好时间哦，这座庄园只在7月至8月才对大众开放，因为7月1日开园的时间是戴安娜的生日，而8月30日闭园时间的第二天则是她的忌日！

庄园究竟是什么？

庄园往往是指由城堡、徒弟、农舍、牧场甚至是森林组成的建筑群，到了中古时代，一些庄园还可以从事一些特殊农作物的种植，来给庄园的主人提供更多的财富。庄园并非是欧洲贵族所特有的，在我国古代，也有庄园的存在，而且中国人还将极具美感的园林修建在了自己的庄园之中。

超大的丘吉尔庄园

说到丘吉尔庄园，相信很多人会联想到丘吉尔，他可是英国历史上鼎鼎有名的首相。据说，他还是历史上掌握英语单词数量最多的人呢。在2002年，BBC曾举行过一个“最伟大的100位英国人”的调查，结果显示，丘吉尔获得了“有史以来最伟大的英国人”的称号。而丘吉尔首相就出生在丘吉尔庄园。这个庄园可是

世界闻名的呢，也是英国保存的旧时贵族居住的庄园之一。现在就让我们走进这个庄园去看看吧。

丘吉尔庄园是英国最大的私人住宅，位于牛津郡伍德斯托克镇附近。这个庄园兴建于1705年，当时为了表彰丘吉尔的祖先在战争中击败了法军，英国

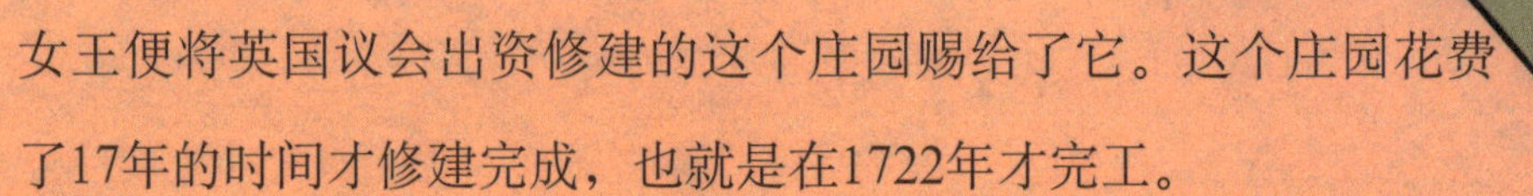

女王便将英国议会出资修建的这个庄园赐给了它。这个庄园花费了17年的时间才修建完成，也就是在1722年才完工。

丘吉尔庄园中的建筑大多沿袭了文艺复兴时期的风格，很多哥特式风格，多采用的是半木结构，里面装饰着众多的庭院、露台、喷泉以及花园等。这里没有罗马庄园的奢华，也没有法国庄园的浪漫，但在这里，你可以找到一种宁静的感觉，远离城市的喧

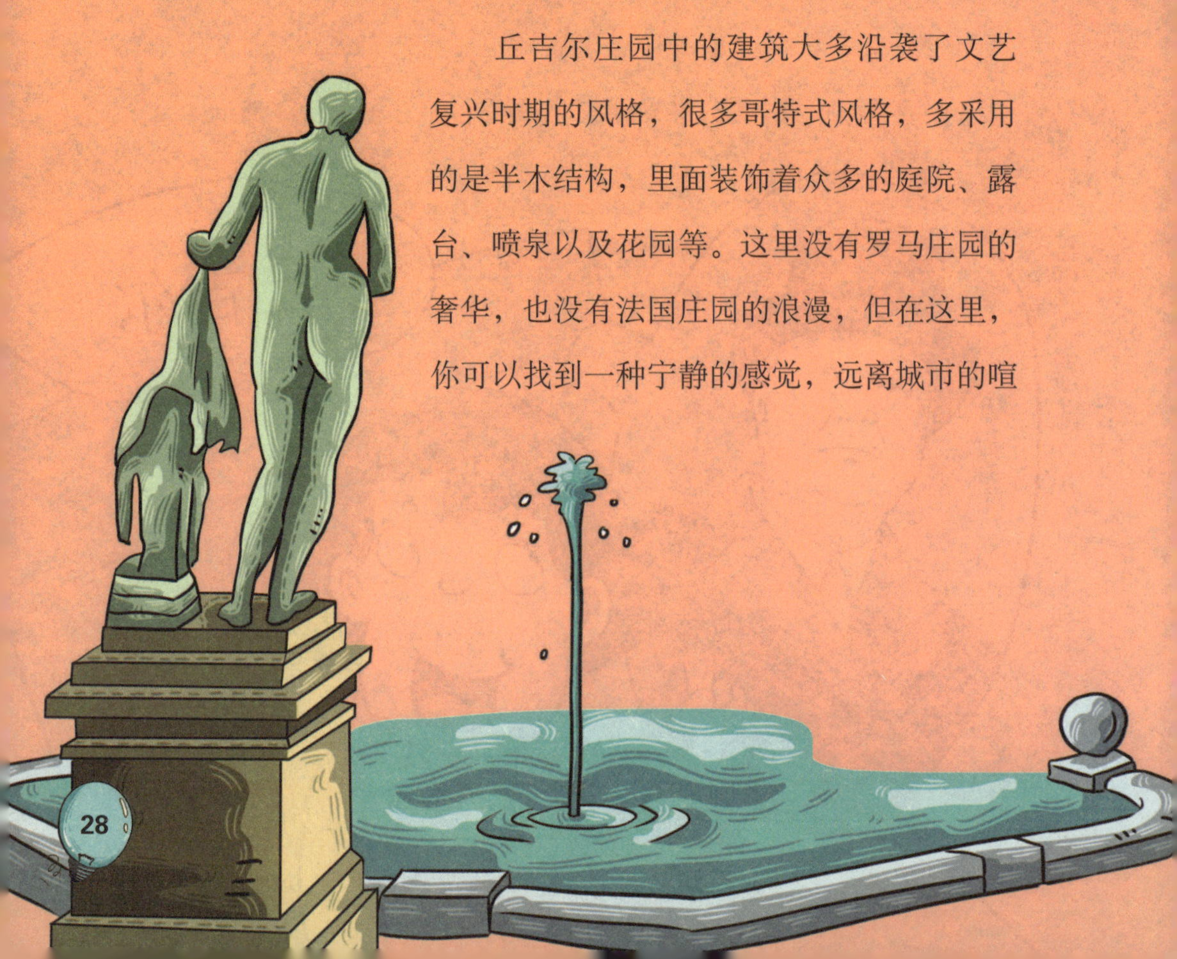

器，找到大自然的宁静。

丘吉尔庄园中的庞大的宫殿式建筑都是以布莱尼姆宫为中心的。布莱尼姆宫还被誉为是英格兰最精美、最优雅的巴洛克宫殿之一。它的周围有花园、湖泊、草场等，偶尔还会看到有大雁在湖畔的草地上悠闲地散步，甚至还有上百头英国特产的牛津绵羊在上面吃草，远远望去，就仿佛一朵朵棉花落在了绿色的草地上。走进这个宫殿，你会立刻被里面富丽奢华的大堂所吸引。在暗红色丝绒缎面的墙壁上，挂满了大量珍贵的油画，有很多都是欧洲当时最为有名的画家所画的。天花板则是著名画家詹姆斯·桑希尔绘制的，展现的是

丘吉尔的祖先在战争中胜利的场景。布莱尼姆宫的旁边还竖立着一座胜利纪念碑，洁白的碑体在太阳的照射下光芒四射。

但是需要大家注意的是，虽然前首相丘吉尔是在这里出生的，但实际上，这个庄园并不属于丘吉尔，因为他的父亲只是一个后封的勋爵，所以他就没有资格继承这座庄园。在庄园中，和丘吉尔有关系的只有两个地方：一个是宫中一层西边靠近大厅的地方，有一个很小的房间，这是丘吉尔出生的地方；另一个地方是湖边的一座看起来精致而典雅的小神庙，据说丘吉尔曾在这里避过雨，也是利用这个机会向克莱门蒂娜·霍齐尔求婚的。

虽然现在我们看到的丘吉尔庄园被加入了很多人工的景色，但依旧给人一种优雅的感觉。据说，丘吉尔庄园比法国的凡尔赛宫还要辉煌呢，因为它实在太大了，所以很多来参观的游客都要乘坐怀旧式小火车才能欣赏到全庄园的景色。这种小火车有一人多高，行驶时，还从烟囱里冒出一股股白烟来。单就这小火车来说，就已经非常有趣了，看来，丘吉尔庄园中好玩的东西、好看的景色实在太多了。所以，有机会的话，一定要去那里游玩一番呀！

秘密的布雷契莱庄园

前面我们介绍了很多各具特色的庄园，相信大家对庄园一定有一个大概的了解了。在大家看来，庄园应该就是一栋建在花园中间的房子吧！是的，大多数的庄园都可以这样来概括。可是，位于伦敦西北部的一个庄园，可就不能用这简单的一句话来概括或者形容了。这是为什么呢？

这个名为布雷契莱的庄园距离伦敦约70千米，从外面望过

去，庄园就像是一个浓浓的维多利亚式的花园，被茂盛的树丛包围着，深藏在其中。假如不仔细观察，你肯定会以为这个庄园是这片丛林里自然形成的。头顶上低低飞过的小鸟，不时发出一句声响，在安静的庄园里传来，好像还带着回声。

这个表面上看起来与其他庄园没有什么区别的布雷契莱庄园，其实在第二次世界大战时期是英国的情报中心，属于英国最机密的地方。

可能有些人对第二次世界大战的历史不是很了解，大家可以找来一些相关的书籍阅读一下。简单来说，就是因为这场战争，使得一些原本实力没有那么强劲的国家成为了世界的领头人，比如说美国、英国。第二次世界大战的胜利，给这些国家带来了机遇，促进了国家经济的发展。在战场上，除了武器装备，还有一些对战争的胜利也起着决定作用的因素，比如情报。情报能够比武器更快地摧毁敌人的计划。正因为这样，使得每个国家都在私底下建起了大量的情报中心。

而这个布雷契莱庄园的真实身份就是战时英国的情报破译中心。相比其他的情报中心，这个庄园伪装成的中心可以说是帝王中

的帝王。在这个庄园里，你看不到任何探测情报的痕迹。从表面上看，里面一个人都没有，到处都是鸟语花香的宁静景象。但实际上，这里每天都有12000多名志愿者夜以继日地工作，截获德国军事情报，将那些军事情报破译出来，然后直接呈交给当时英国最高指挥当局，甚至有时还直接送达丘吉尔首相本人手中。此外，他们还要从空中监听无线电通讯密码。为了掩人耳目，在庄园中还搭着一些仓促间建成的简易的棚子，被精心装饰成了一所简易战地医院。若是事先不知情的话，很多人都不敢相信这里是英国的情报中心。可以说，由布雷契莱庄园伪装成的情报中心是英国最高级别的秘密基地。而它的秘密名称为——“政府密码学校”。

第二次世界大战结束后，英国在世界的地位悄然发生了变化，这个庄园才渐渐被世人所熟知。不过，这也得益于之前在这工作的那个人——阿兰·图灵。他是世界公认的破译高手，当时有一个几千位破译高手都无法解决的问题，他领着200多名精干人员经过很多天的研究，最终设计出了一种破译机。最终，这种破译机在帮助英国取得战争胜利中起到了很大的作用。

几十年来，布雷契莱庄园一直被其神秘的色彩笼罩着，虽然鸟语花香，但却人迹罕至。这座庄园周围非常幽静，充满了英国的田园风光。

大家如果有机会前往那个丛林深处的大庄园，说不定还能从它留下的那些东西中，寻找到当年图灵发明出破译机的一些痕迹哦。也许，下一个天才破译高手就是你了！

浪漫的长颈鹿庄园

如果有一个地方既能与可爱的长颈鹿亲密接触，又能吃到美食，你们想不想去那里玩呢？可能有人会觉得这是不可能的事情，长颈鹿不是只在动物园里才能见到的吗？在那里哪能吃到什么美食呢？但大家千万不要怀疑哦，这样一个非常奇特的地方可

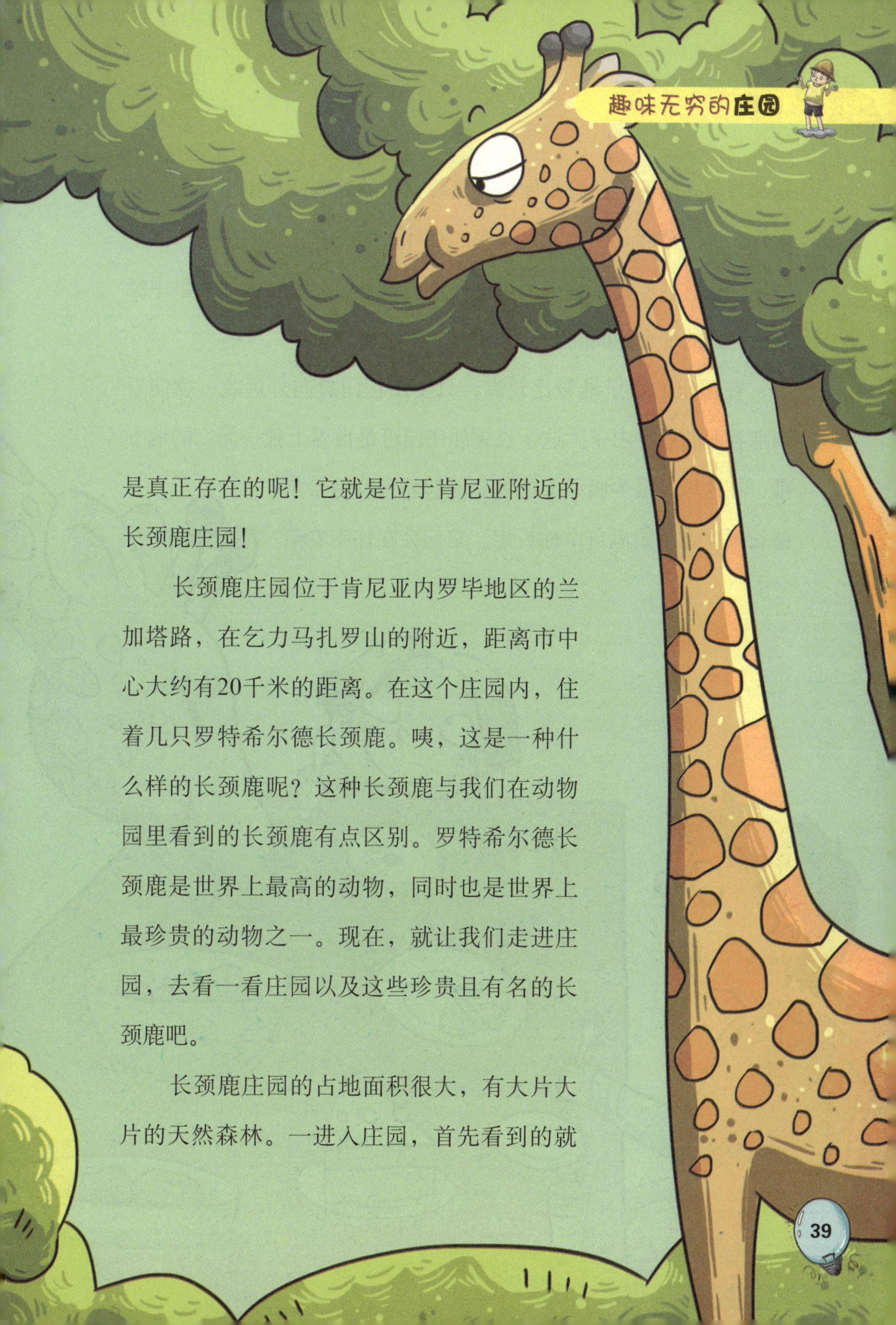

是真正存在的呢！它就是位于肯尼亚附近的长颈鹿庄园！

长颈鹿庄园位于肯尼亚内罗毕地区的兰加塔路，在乞力马扎罗山的附近，距离市中心大约有20千米的距离。在这个庄园内，住着几只罗特希尔德长颈鹿。咦，这是一种什么样的长颈鹿呢？这种长颈鹿与我们在动物园里看到的长颈鹿有点区别。罗特希尔德长颈鹿是世界上最高的动物，同时也是世界上最珍贵的动物之一。现在，就让我们走进庄园，去看一看庄园以及这些珍贵且有名的长颈鹿吧。

长颈鹿庄园的占地面积很大，有大片大片的天然森林。一进入庄园，首先看到的就

是那些老式的苏格兰狩猎屋以及藤蔓交织的外墙。在屋子前面，是大片大片的草坪，四周则是茂密的森林。乍一看，这些房子仿佛早就出现在这片原始森林里，想象一下，像不像大家在童话故事中经常会见到的那个场面呢？

庄园里的房子地势比较高，只要站在门口向外远眺，就能看到那壮丽的恩贡山了。这个长颈鹿庄园可是世界上独一无二的地方哦，在这里，最为吸引人的就是能够看到罗特希尔德长颈鹿在庄园里自由地行走。它们会在你吃着美

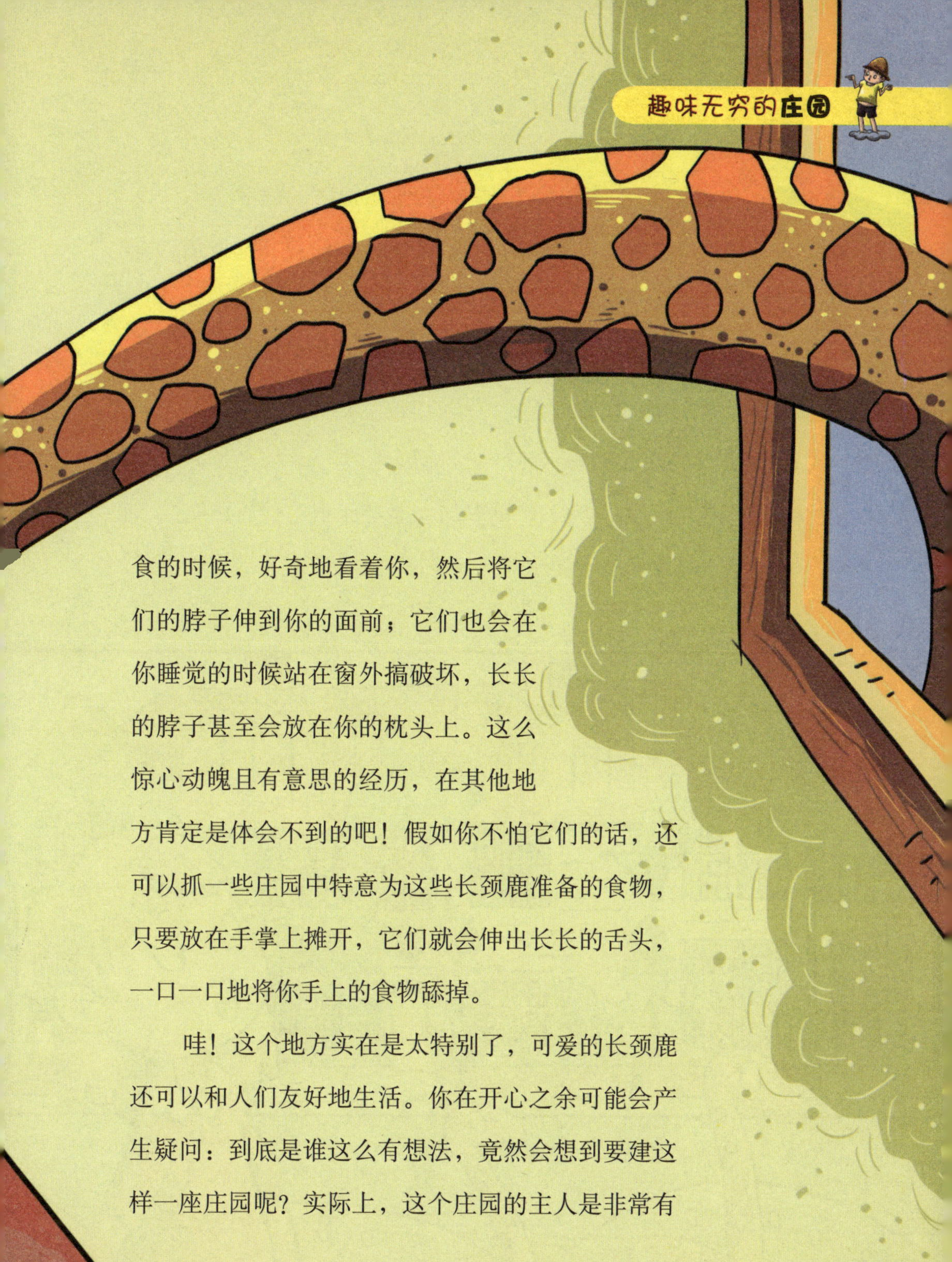

食的时候，好奇地看着你，然后将它们的脖子伸到你的面前；它们也会在你睡觉的时候站在窗外搞破坏，长长的脖子甚至会放在你的枕头上。这么惊心动魄且有意思的经历，在其他地方肯定是体会不到的吧！假如你不怕它们的话，还可以抓一些庄园中特意为这些长颈鹿准备的食物，只要放在手掌上摊开，它们就会伸出长长的舌头，一口一口地将你手上的食物舔掉。

哇！这个地方实在是太特别了，可爱的长颈鹿还可以和人们友好地生活。你在开心之余可能会产生疑问：到底是谁这么有想法，竟然会想到要建这样一座庄园呢？实际上，这个庄园的主人是非常有爱心的。他的名字叫邓肯。为了保护濒临灭绝的罗特希尔德长颈鹿，1932年，邓肯爵士改建了这座庄园。1974年，拯救罗特希尔德长颈鹿的保护项目开始在庄园中实施。从此，这里就成了长颈鹿的家了。在庄园中，墙上的绘画、雕塑、花瓶等处，都能看到长颈鹿那优美的身影。

后来，这座庄园又被卡尔·哈特雷夫妇买下，依然是为了保护罗特希尔德长颈鹿。为了让更多的人能够认识这种长颈鹿，卡尔·哈特雷夫妇将庄园发展成酒店，慢慢的，越来越多的人知道了

这个奇特的地方了。如今，这里除了珍贵的罗特希尔德长颈鹿外，还有疣猪、珍奇的鸟类等珍稀动物，可以说，现在这里已经成为一个保护珍稀动物的家园了。

如果你们在吃饭的时候有长颈鹿相陪，睡觉的时候可以跟它们互相道声晚安，这样的地方，你们喜欢吗？如果喜欢的话，可以告诉你的爸爸妈妈这个世界上独一无二的地方，有机会的话一定要去那儿看看哦！

罗特希尔德长颈鹿

罗特希尔德长颈鹿在外貌上和我们在动物园看到的长颈鹿长相差不多，只不过它的皮毛颜色比较暗一些，毛也比较稠密。野生的罗特希尔德长颈鹿主要生活在非洲东部的矮灌木丛中和草原上。罗特希尔德长颈鹿是长颈鹿中一个非常珍稀的亚种。根据最新的统计表明，现在全世界这种长颈鹿的数量已经不到七百头了。现在，这些罗特希尔德长颈鹿大部分都生活在肯尼亚，其余的则生活在乌干达。2010年8月，世界自然保护联盟将罗特希尔德长颈鹿列入世界濒危物种名录。

著名的哈德良庄园

大家都知道，我国的长城在世界上是非常有名的。但实际上，长城可不是只我国独有，在英国的不列颠岛上，也有一段古长城的遗迹，这就是哈德良长城。这段长城是由古罗马时期的皇

帝哈德良兴建的。但是，我们在这里可不是介绍这段长城哦，而是要介绍这位皇帝为自己营造的一座人间伊甸园——哈德良庄园。

哈德良庄园是古罗马时期的一个大型的皇家花园，位于意大利的蒂沃利，距离罗马大约有30千米，占地面积有120万平方米左右，是在公元117年开始建造的，一直到138年建造完成。当时，这一地区可是罗马上层贵族修建别墅和离宫的最著名的地方呢！所以，哈德良将自己的“别墅”也修建在了这里。

在所有的这样的庄园中，哈德良庄园可以说是最为著名了。它里面有十几个喷水泉，都呈莲花形状，还有6个洗浴场、10个蓄水池以及35个卫生间等。

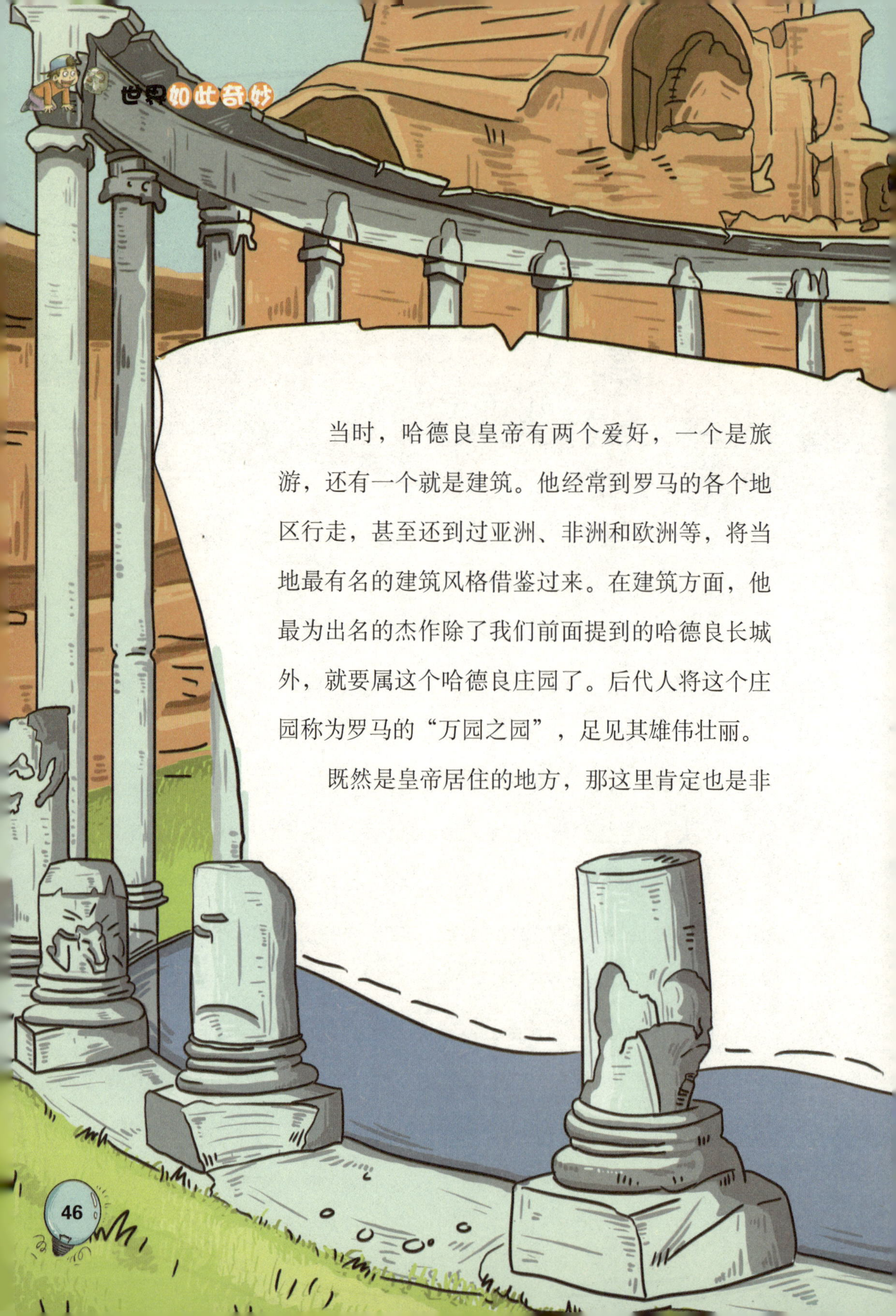

当时，哈德良皇帝有两个爱好，一个是旅游，还有一个就是建筑。他经常到罗马的各个地区行走，甚至还到过亚洲、非洲和欧洲等，将当地最有名的建筑风格借鉴过来。在建筑方面，他最为出名的杰作除了我们前面提到的哈德良长城外，就要属这个哈德良庄园了。后代人将这个庄园称为罗马的“万园之园”，足见其雄伟壮丽。

既然是皇帝居住的地方，那这里肯定也是非

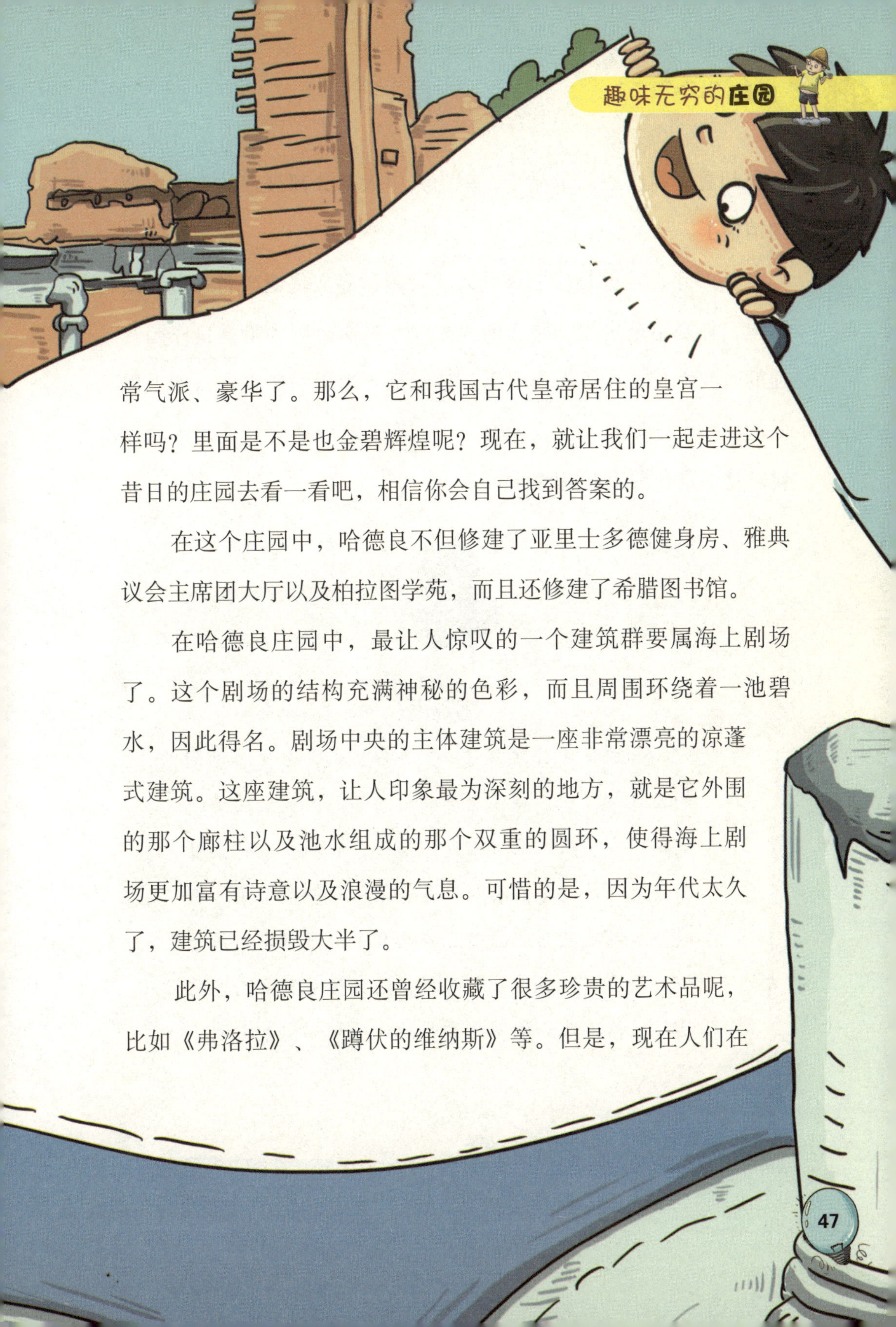

常气派、豪华了。那么，它和我国古代皇帝居住的皇宫一样吗？里面是不是也金碧辉煌呢？现在，就让我们一起走进这个昔日的庄园去看一看吧，相信你会自己找到答案的。

在这个庄园中，哈德良不但修建了亚里士多德健身房、雅典议会主席团大厅以及柏拉图学苑，而且还修建了希腊图书馆。

在哈德良庄园中，最让人惊叹的一个建筑群要属海上剧场了。这个剧场的结构充满神秘的色彩，而且周围环绕着一池碧水，因此得名。剧场中央的主体建筑是一座非常漂亮的凉蓬式建筑。这座建筑，让人印象最为深刻的地方，就是它外围的那个廊柱以及池水组成的那个双重的圆环，使得海上剧场更加富有诗意以及浪漫的气息。可惜的是，因为年代太久了，建筑已经损毁大半了。

此外，哈德良庄园还曾经收藏了很多珍贵的艺术品呢，比如《弗洛拉》、《蹲伏的维纳斯》等。但是，现在人们在那里却看不到这些艺术品了，因为其中大部分都被存放在国家博物馆中了。

1999年，哈德良庄园被列入联合国世界文化遗产名录。看到这里，你是不是也想一睹它的风采呢？然而，因为哈德良庄园修建的时间太长了，里面很多历史建筑都有坍塌的危险，再加上里面的旅游设施配套不全，无奈之下，意大利只能将其关门了。你说，是不是非常让人遗憾呀？

哈德良

哈德良（公元76年—138年）是罗马帝国时期的五贤帝之一，在位时间将近21年。他最大的功绩就是曾在英格兰北部兴建了哈德良长城。哈德良可以说是罗马时期最喜欢“盖房子”的一个皇帝。当时他所修建的房屋数量在罗马皇帝中可以排列第一位。而且，他在建筑的时候，还会借鉴其他国家的建筑风格，比如他曾将希腊的建筑和雕塑等搬到了罗马。

古典的埃斯特庄园

你知道在我国园林的典范是哪里吗？可能有的人会知道答案，那就是江南的园林了。但站在世界的角度来看，值得人们细细琢磨和品味的还要属意大利园林。意大利园林可以说是世界园林史上的一座非常重要的丰碑，对近现代的世界园林艺术发展起到了十分重要的作用。在这里，就给大家介绍一座意大利的园

林——埃斯特庄园。

埃斯特庄园可是意大利文艺复兴期间出现的一个最为著名的代表作之一哦。当时，出现了很多爱好自然、追求田园趣味的人，他们在意大利掀起了一股园林热潮，将他们对园林的独特创新和见解都融入到园林的建设中。埃斯特庄园就用其曼妙的身姿很好地向人们展示了它独特的台地园的魅力。

埃斯特庄园位于意大利的蒂沃利镇，坐落在一个陡峭的山坡上，距离

罗马不到40千米。全园面积达到4公顷之多，从整体来看，园地呈方形。

埃斯特庄园始建于1549年，其设计者为利戈里奥，是在红衣教主埃斯特的府第之上改建而成的。1565年，这座举世著称的庄园终于竣工了，可以说是世界上最壮观优美的水景花园。在这个庄园中，利戈里奥充分发挥其才华，在整体构想上重在给人以几何形风格和建筑感。埃斯特庄园著称于世的就是其丰富的水景和水声。在庄园中，你根本找不到任何鲜艳的色彩，整个庄园都笼罩在绿色的植物中，但这却给水景和精美的雕塑创造了一个良好的背景，给人留下了深刻的印象。

埃斯特庄园共分为6个台层，上下高度相差大约50米。正因为庄园设在台地上，所以台阶的布置就显得非常重要了。其实，这些台阶不但起着连接每台层的作用，更为重要的是，它还会引导游人去观赏园中最美的景色。整个庭院虽然有规则的几何图形，但因为地形比较复杂，不能一眼望穿，每个台层都有着让人惊叹的美景。下面就简单给大家介绍几层来看一下吧。

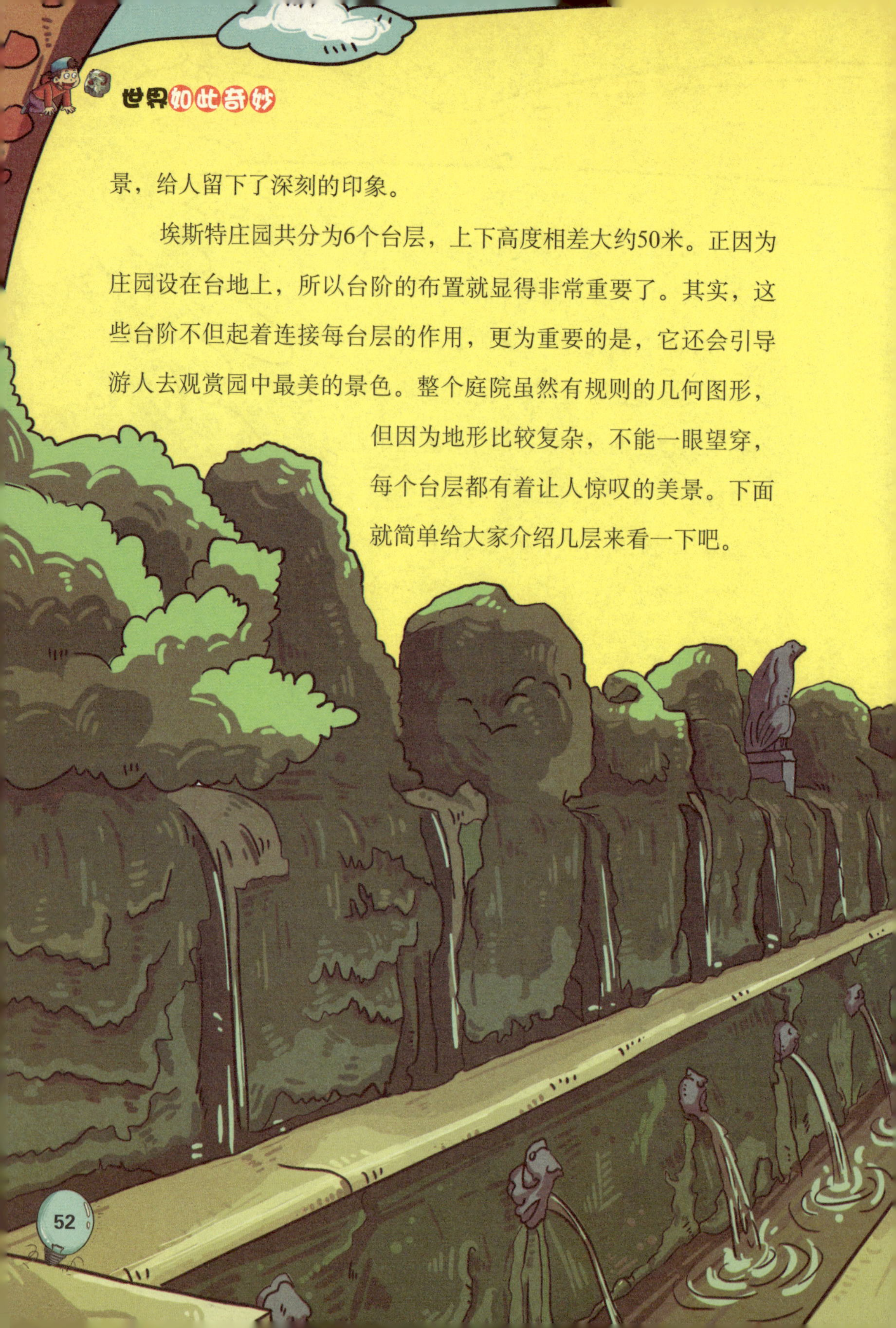

第一台层的建筑面积比较大，从上往下看，就好像是一把大自然的管风琴。这一构思在今天看来也是非常新颖别致的，足可以看出设计者精湛的技术。

第二台层有一个龙泉喷泉。在两个台层之间，是高大的树篱相隔，这样就使得龙泉喷泉位于整个花园的中轴线上。

第三台层则是非常著名的百泉路。这条路约长达150米。而在台地的那些矮小的土墙上，每隔几米就建有三个高矮不同层次的细水流的喷泉。

而第六台层，也就是庄园的最高层则在一个12米宽的高台上。站在这里，全园的景色尽收眼底，真是美丽壮观呐！

埃斯特庄园最为突出的特点就是对水法的运用，在这个庄园内，设计者充分利用了台地的优势，将各种水法运用得真是到了极致。

第一种水法是喷泉。在庄园中，大小不等的喷泉

大约有500多个，其中最为著名的喷泉就是巨杯喷泉。这个喷泉就像一个大酒杯，竖立在一个很大的贝壳上。从“杯”中流出来的水直接落在贝壳上，发出一阵阵悦耳的声音。

第二种水法是瀑布。庄园中的瀑布大多是叠瀑，跌落下来的水在下面形成水花，那种巨响的声音震撼人心，让人仿佛在梦境中一般。

第三种水法是水池。水池那开阔的水面不但让人感觉到非常凉爽，而且倒映在水中的绿树红花、宫殿廊柱等更是形成了一幅

绝美的画卷。

第四种水法是水剧场。这是将喷泉、瀑布和水池综合利用起来的一种水法，可以说是意大利独创的一种方法。通过喷射出来的水流和下跌的水体组合在一起，形成了气势恢宏的景象，宛如一曲交响乐一般。

这个庄园更让人想不到的是，著名的音乐家李斯特就曾住在这里，一直到他1886年去世。埃斯特庄园的美景和动人的音乐交相辉映，更加让人赞不绝口。

埃斯特庄园室内的设计洋溢着一股浓厚的历史味道，典雅的家具、豪华的吊灯，甚至艺术品的陈设，都美轮美奂，达到了完美的境界。虽然经过了几个世纪的时间，但庄园中依旧绿意葱茏，生趣盎然，依旧是世界上最为经典的园林美景之一。如此美妙的庄园，假如你去意大利游玩，一定不可错过这里哦！

台地园

台地园最初是在意大利盛行的。所谓台地园，就是指依照地势修建，背景为浓密的树林，自上而下摆布的园林景观。台地园一般会将主要的建筑建在山坡地段的最高处。在其前面沿着山坡引出一条中轴线，开辟出一层层台地。中轴线的两边栽种一些植物，并按照左右对称的格局，设置一些水池和瀑布等。站在台地园的最高处，可以俯视整个台地园的景色。在台地园体系中，最为绝妙的地方就是丰富的水景。

保存最完整的兰特庄园

在文艺复兴时期，意大利成了经济繁荣中心，这个时候的园林也达到了繁盛时期。很多贵族和一些富有的商人都开始大兴土木，在各地修建起花园别墅。而当时的罗马城郊变成了花园别墅的主要建筑地之一，各式各样的花园别墅不定期地涌现出来。通过前面的介绍，大家了解了台地园埃斯特庄园的美丽景色。其实，在意大利文艺复兴时期，有三座庄园都非常有名，埃斯特

庄园是其中之一，这里就再给大家介绍一个也是特别有名的庄园——兰特庄园。

兰特庄园在意大利罗马北部维特尔博附近的巴尼亚镇上，是文艺复兴时期保存最为完整的一座庄园。它建于1566年，一直到16世纪80年代才完成。

兰特庄园采用的是巴洛克风格，其布局非常规则，配有许多自然景物。当时，兰特庄园还被认为是16世纪风格主义花园别墅的佼佼者。现在我们看到的庄园样貌是1954年完全依照原来的面貌修建的。

兰特庄园的设计者名叫维尼奥拉。他在设计庄园中，处

处体现了那种典型的巴洛克式的气息，从主体建筑、道路再到植物种植，无不体现着那种典型的大度和夸张的手法。庄园的中心主题是水景和花坛。每层台地都用中央轴线的水线相连，而且在台地上都有可供游人欣赏的美丽的水景。

兰特庄园完全体现了意大利古典园林的特点，其布局围绕中轴对称，主次分明，各层次之间都有一定的比例，形成一个和谐的统一整体。

前面我们介绍的埃斯特庄园是台地，而兰特庄园也不例外。它建在郊外的丘陵坡地上，是由4个层次分明的台地组成的：

第一层台地为规整的刺绣花园，整个台层看不到一棵大树，完全在阳光的照

射之下。

第二层台地为庄园的主体建筑，这里的主体建筑一分为二，但与庄园的景色完全融合在一起，在正面可以眺望远景以及第一层台地的精美图案，后面则绿树成荫，让居住者感到更加舒适。

第三层台地为圆形的喷泉广场，在这层台地上还有一条长形的水渠。

第四层台地也就是最高层为观景台，可以在此观赏全园景色。

全园的终点是位于中间的洞府，里面竖立着丁香女神的雕像，两边为凉廊。在庄园中，最为特别的是第三层台地上的喷泉

和第四层台地上的观景台。设计者用一条华丽的水阶梯从绿色的坡地上穿过，这样就使得庄园的中轴的终点完美地落在了庄园的最高处，然后在这里修建了一个观景台，可以俯瞰整个庄园的美景。

水景可以说是整个庄园的纽带，在四层台地上都有一个可供观赏的水景，或者以滴，或者以淌，或者以喷的形式被巧妙地加以运用，完全体现出水流的艺术特色。

曾有人这样说道："如果没有参观过它（兰特庄园），就是错过了园林艺术中极为难得的精品之一。"由此看来，这兰特庄园还真是值得人们一看呀！

文艺复兴

文艺复兴是一场思想文化运动，是13世纪末在意大利各个城市兴起的，后来扩展到欧洲各个国家。文艺复兴的核心思想就是人文思想，提倡个性解放，反对迷信和神学的思想。在这个时期，涌现出很多文学家、艺术家登，比如但丁、比特拉克、薄伽丘，他们还被称为"文艺复兴三颗巨星"，也被称为"文坛三杰"。

壮美的法尔奈斯庄园

在意大利，有三座具有代表性的庄园特别出名，分别是埃斯特庄园、兰特庄园以及法尔奈斯庄园。前两座庄园在前面我们已经介绍过了，大家也有了一定的了解。那么，这座法尔奈斯庄园也很壮美吗？现在我们就一起去看看吧。

法尔奈斯庄园位于一个小镇的山岗上，距离罗马市中

心大约有40千米，建于1547年，大约在1558年完工。法尔奈斯庄园的建筑平面呈五角形状，是文艺复兴兴盛时期时的著名建筑之一，而且也被人们认为是文艺复兴时期最完美的庄园之一。

你知道法尔奈斯庄园的设计者是谁吗？就是前面我们介绍过的，曾设计过兰特庄园的维尼奥拉。法尔奈斯庄园可是他的第一个大型作品哦！维尼奥拉是罗马最著名的建筑师之一，那他这第一个作品到底设计的怎么样呢？

法尔奈斯庄园总共分为两个大的部分：五角大楼的城堡和主花园。这个五角形的城堡可是当时非常杰出的建筑呢，是当时保罗三世办公和休息的地方。和大楼相连的有两个花园，分别是“V”字形花园和法尔奈斯花园。在城堡和花园之间，有一条小沟，上面驾着两座小桥。

“V”字形花园是16世纪中期的样式。这里可以说是典型的绿色植物雕塑园，周围建有高大的围墙。法尔奈斯花园比“V”字形花园离五角形城堡更远，是庄园最精彩的部分。

法尔奈斯庄园共分为四层台地：

第一层台地是一个草坪广场，呈方形，周围有栗树围绕，在其中心还有一个圆形的喷泉。在广场的边上，还有两个岩洞，洞旁还有一个亭子可供游人休息。

第二层台地是一个椭圆形的广场，两侧有一个弧形的台阶

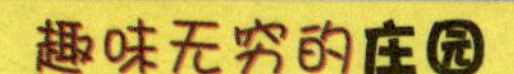

围绕着贝壳形的水盘，上面有一个杯子状的瀑布，水从杯子口流出来，落在水盘中。在这个瀑布的两侧，各有一座河神雕像，时刻守护着这里。

第三层台地是花园，中央是一栋二层小楼。花园的三面建了矮墙，但可以作为凳子使用。假如游玩累了，可以坐在上面休息，观看周围的美景。

第四层台地是庄园的最高层，在那栋二层小楼的后面和两侧都有台阶通到这里，台阶的下面还有小门通往外面的栗树林和葡萄园。

在台地园中，雕塑是不可缺少的一部分，也是其精美的、最有特点的标志。在法尔奈斯庄园中，肯定不会缺少雕塑的。庄

园中的很多地方都能看到精美的雕塑，比如在台地草坪的挡土墙上，就装饰着石质雕刻；在住所的周围，也有雕塑廊柱，是一幅精美、优雅的生活画卷，显示着庄主的显赫。

虽然都是台地园，但每座庄园都不一样，都各具特色，假如有机会去意大利的话，你可以三座庄园都游览一下，找找它们有什么不同哦！

奢华的比特摩尔庄园

在现代生活中，艺术无处不在，无论是名车、服饰，还是珠宝等都和艺术密不可分。而庄园也是一样，也要充满艺术气息。在美国，有一座最大的、最豪华的私人庄园，虽然它奢华无比，但依旧充满了艺术气息。相信很少有人知道它是哪一座庄园，告诉你吧，它就是比特摩尔庄园。这个庄园在上个世纪就一直静静

地矗立在那里，向世人述说它的豪华。那么，这个庄园到底豪华到什么程度呢，是像以前的皇宫一样金碧辉煌吗？不要着急，现在我们就一起去看看吧。

比特摩尔庄园位于美国的北卡罗来纳州，占地达480多平方千米。可能大家很难想象出它到底有多大，我们可以用足球场来对比一下，它的面积就相当于4500多个足球场那么大。怎么样，是不是很惊人的一个数字呀？

你知道吗？这个庄园可是花了1000多名建筑工人用了6年的时

间才建好呢！这个庄园的建造者名叫乔治·范德比特，而如今仍旧归范德比特家族的后裔所拥有。但是，现在它已经成为一个开发的旅游胜地了，一般的游客只要买张门票就能走进去，一睹庄园的奢华和秀丽风采。

要说这个庄园有多奢华，告诉你几个数字你就知道了。这个庄园总共有房间250间、壁炉65个、卧室34间、洗漱间43个。在烟灰大厅中，有一张非常大的餐桌，长有22米，宽为13米，一次可以同时接待60多个人。不仅如此，这个庄园还有滚动楼梯、防火报警器等。在19世纪末，这些可都是最为豪华的。更让人惊奇

的是，这里还有23000册藏书，还有来自十几个国家的家具以及1600幅贵重的绘画，这些都是世界的精华哦！此外，在庄园的地下室，还有专门的游泳馆、保龄球道和健身房等。当然了，可能你会对这些表示一脸的不屑，在我们家小区里面就有这些设施呢！可是，你要清楚哦，这个庄园的建造时间可是在100多年前呢。这些在当时来说，可都是非常先进的设施。当时的主人就有这么时尚的想法，你说庄园的主人是不是很厉害呢？

这个庄园的建筑特点也和其他的豪宅不一样，它带着浓郁的法国哥特式的建筑特色，看起来倒像是一个满是树木的园林。在

庄园里，有风格各异的花园，法式、英式等，主人像是要把不同风格的花园都安进自己的家。不仅如此，在庄园的250间房间里，每一个房间都像一个小小的国家，里面的装饰都是具有代表性的，并且屋内的装饰品都是无价之宝。每一间房都能让人惊喜不断，从窗帘到壁纸，甚至到瓷器等一些细节都美轮美奂。

当然，在这个庄园里，还有马场、酿酒厂等。这座庄园除了它的建筑特别外，还有它的园林和地貌设计。在建筑周围，有森林、农庄等，处处都体现出设计者精心的设计规划。从领地的入口到庄园的主建筑，大约有5千米的路程，如果乘坐马车，要足足走四五十分钟的路程呢。从这点看，这距离还真不算短哦！不但如此，庄园主人还别出心裁地种植了大面积的郁金香。在春天时节，几万朵郁金香迎风绽放着，微风吹过，空气里到处都是郁金香的香气。除了花香，在庄园里还飘荡着浓烈的葡萄酒的香气，这里种植了大片的葡萄，酿造出来的葡萄酒在世界上也是非常出名的。

不过呢，这个私人庄园自从建完后的100多年里，都未曾对外开放过，外人只能从外面远远地观望。但是，如今却不一样了，这里已经被美国政府当成园林，装饰成了一个旅游景点，让更多的人能够近距离欣赏这个庄园的秀丽和奢华。等你们长大了，也可以自己去里面找寻新的建筑风格哦。

哥特式建筑

哥特式建筑也叫哥德式建筑，起源于法国，是在中世纪时兴盛起来的一种建筑风格。哥特式建筑的特点主要是尖塔高耸、尖形的拱门以及镶有彩色玻璃的大窗户。哥特式建筑内部高旷、统一，十分开阔明亮；外表看上去线条简洁、外观宏伟。

哥特式建筑最早一般见于天主教堂，后来世俗建筑也开始采用这种风格。比较著名且具有代表性的哥特式建筑有巴黎圣母院、米兰大教堂以及威尼斯大教堂等。哥特式建筑以其高超的技术和艺术成就，在世界建筑史上占据着非常重要的地位。

快乐的梦幻庄园

大家是不是很喜欢看动画片呀，那你知道美国迪士尼动画片中有个小飞侠彼得潘吗？他是一个会飞却不愿意长大的小男孩，自由地飞翔在梦幻岛的上空。他不害怕危险，勇敢无畏，为了保护小伙伴们的安全，他勇敢地同坏人做斗争。最后，他带领着逃离危险的朋友们在梦幻岛上快乐的生活……

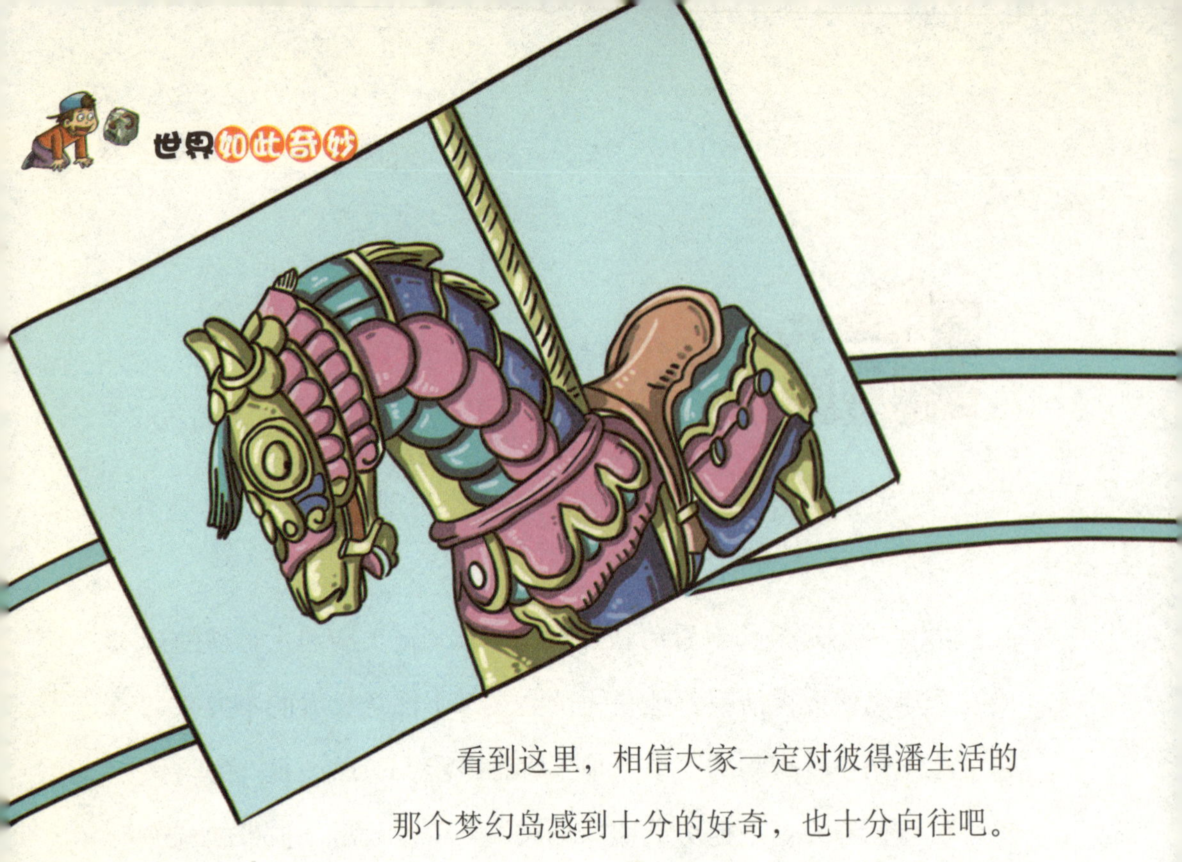

看到这里，相信大家一定对彼得潘生活的那个梦幻岛感到十分的好奇，也十分向往吧。在那个岛上，既有凶猛的动物，又有原始部落的“红人”；既有可怕的强盗，又有温柔的小仙子和美人鱼……这样美好的地方，相信很多人都想去那里玩玩，去体会一下彼得潘经历过的生活。

可能你会说，哪里有那么好玩的地方呢？那些只不过是影片中虚构出来的。事实上，在美国的某个角落真的存在一个彼得潘的梦幻岛哦！你们好奇吗？想不想到梦幻岛上去感受一下呢？不要着急，现在就带你去那里看看吧！

梦幻岛位于美国的加州北部，占地约1133万平方米，是美国最为奢侈的豪宅之一。也许它所处的位置很多人都非常的陌生，但是它的主人大家肯定都听过，他就是美国著名歌手迈克尔·杰

克逊。当时，迈克尔·杰克逊耗费巨资买下了这个庄园。这个庄园最早是作为迈

克尔 · 杰克逊的豪华别墅而诞生的。他虽然是美国非常出名的歌手，却始终保持着一颗小孩的童心。所以他花了很多钱在这个庄园中添置了动物园、人工湖、电影院、私人运动场和一个主题公园。动物园中有大象、长颈鹿以及老虎等动物；游乐场中有摩天轮、旋转木马等游戏设施。除了凉亭、小火车、树屋、花床外，这里还有一个印第安式的村庄。所以来到这里，我们还可以体会一下印第安地域的风情呢。

梦幻庄园中的游戏设备足够举办一个州的嘉年华，里面有一条卡丁车跑道、两条独立的列车轨道。让人惊奇的是，其中的一条轨道足够一列老式蒸汽火车在上面奔跑。

不过，梦幻庄园之所以会如此出名，除了它的主人是世界著名的歌星外，更重要的是，它是依据小飞侠彼得潘的梦幻岛而建成的。在那里，你可以看到彼得潘的雕塑和很多动画片里出现过的场景。一进到那儿，你肯定会被那些好玩、好看的东西所深深吸引的。

这时，大家可能会想了，我们平时和爸爸妈妈去游乐场玩一次，都要花好多钱，这个梦幻庄园里有这么多好玩的东西，玩一次肯定得不少钱吧？告诉你吧，虽然杰克逊先生当时耗费巨资修建了这个庄园，但他从来没想过收钱作为补偿，也从没想过要拿它当赚钱的工具呢！

大家在梦幻庄园里看到的那些小火车、摩天轮、旋转木马等可都是不需要花钱就可以去玩的。更特别的是，世界各地那些家庭贫困和身患重病的小朋友，如果想到梦幻庄园去游玩，只要通过一些慈善机

构就可以满足这个愿望了。而且这个庄园最为不一般的是，里面还有很多类似于医院病房出现的设备等，你看到后可不要惊讶哟，因为这些都是杰克逊先生为了照顾那些患病的孩子而特殊准备的，你们说，迈克尔是不是很有爱心啊！

看了这么多，你们是不是也想去小飞侠的世界里好好地玩一玩呢？那就把你的想法告诉爸爸妈妈，等有机会了，他们一定会带你去的！

“峭壁山庄”克雷格赛德庄园

你经常会跟爸爸妈妈一起去旅游吗？那飞流直下的瀑布、大片大片的花田、直耸入云的高山……相信这些景色都会深深吸引你的目光吧！在英格兰地区，有一个叫克雷格赛德的庄园，在那里，你不仅可以感受到大自然的气息，看到嫩绿的树木，听到泉

水叮叮咚咚冲撞石头的声音，而且在那里还有一大片的游乐区和健身区。怎么样，这个庄园是不是很独特、好玩呀，现在就让我们去了解一下这个庄园吧。

克雷格赛德庄园位于英格兰的卡廷顿地区，是英国非常著名的旅游景点之一。这个庄园被建在布满岩石峭壁的山坡上，正因为其所处的独特地理位置，因此还被人称为“峭壁山庄”。这个山庄周围分布着大面积的花草树木，与环境融合在一起，有着浑然天成的样子。不光如此，这个庄园更让我们佩服的是，它可是世界上第一个将水力发电作为室内能源的建筑。可千万别小看了它，它可是一个小型的水力发电站呢！而且，这个小型发电站的出现时间距离现在已经有100多年了呢！

克雷格赛德庄园始建于1863年，建筑表现的是维多利亚风格。庄园周围环绕的是大约4平方千米的花草树木。大家肯定会觉得庄园的主人非常厉害，那么早以前就懂得了发电的原理。其实，这些功劳可不能全算在庄园主人的身上哦！最初的时候，这个庄园只是一栋两层楼高的乡村别墅，是英国历史上著名的发明家、企业家威廉·阿姆斯特朗的住宅。当时，这里并没有什么特别之处。后来，也就是1868年的时候，庄园的主人威廉在其朋友诺曼·肖的建

议下将庄园扩大，并在里面加入了法式花园的风格和皇家贵族的装饰。庄园主人见别墅的后面有一个瀑布，于是就安装了一个小型的液压发电机，从这以后，水电就成为室内的能源，极大地方便了日常生活，室内的乘客电梯和浴室套房等使用的都是水力发电。可是说，威廉的这个举动让人类重新认识了水，了解了水的作用。你们可别以为庄园主人只有这个能耐哦！他还在这栋建筑中安装了一个天文观测台和一个科学实验室。若是天气好的时候，你可以站在这个天文台，遥看挂在天空中那些一闪一闪的星星呢！

克雷格赛德庄园中，还专门有一个锻炼身体的小径

以及40多千米的湖畔漫步小径，在这里散步，可以说是惬意极了。在英国的5月至6月间，漫山的鲜花争相开放，万紫千红的花朵对着阳光露出笑脸，整个庄园像是被淹没在花海中。高大茂盛的树林向着庄园靠近，郁郁葱葱的样子仿佛给这个庄园增添了更多的活力。每一个来这里游玩的人都对重重树林包围的城堡感到好奇。这些风景可能会让你十分留恋，可是在这里行走的时候，一定要小心脚下哟。因为前面我们介绍过了，这个庄园建在一个山坡上，说不定某些地方就会空得望不到底呢！

这个庄园因依山而建被称为“峭壁山庄”，水流从高处掉落

后进到庄园里面。那些尖锐的石头很密集，并且靠近庄园的窗户，若是不小心，就会被它刺伤。虽然这里有点儿危险，可是它的周边环境非常的漂亮，这才吸引很多的人前来参观，到这里感受与大自然的亲近。

后来，庄园主人见游客越来越多，便在山庄旁边建起了一大片供游客玩耍的地方，这可吸引了大批小朋友的目光呢！那里有一大片游乐设施和一个杜鹃花围成的迷宫，还有一个

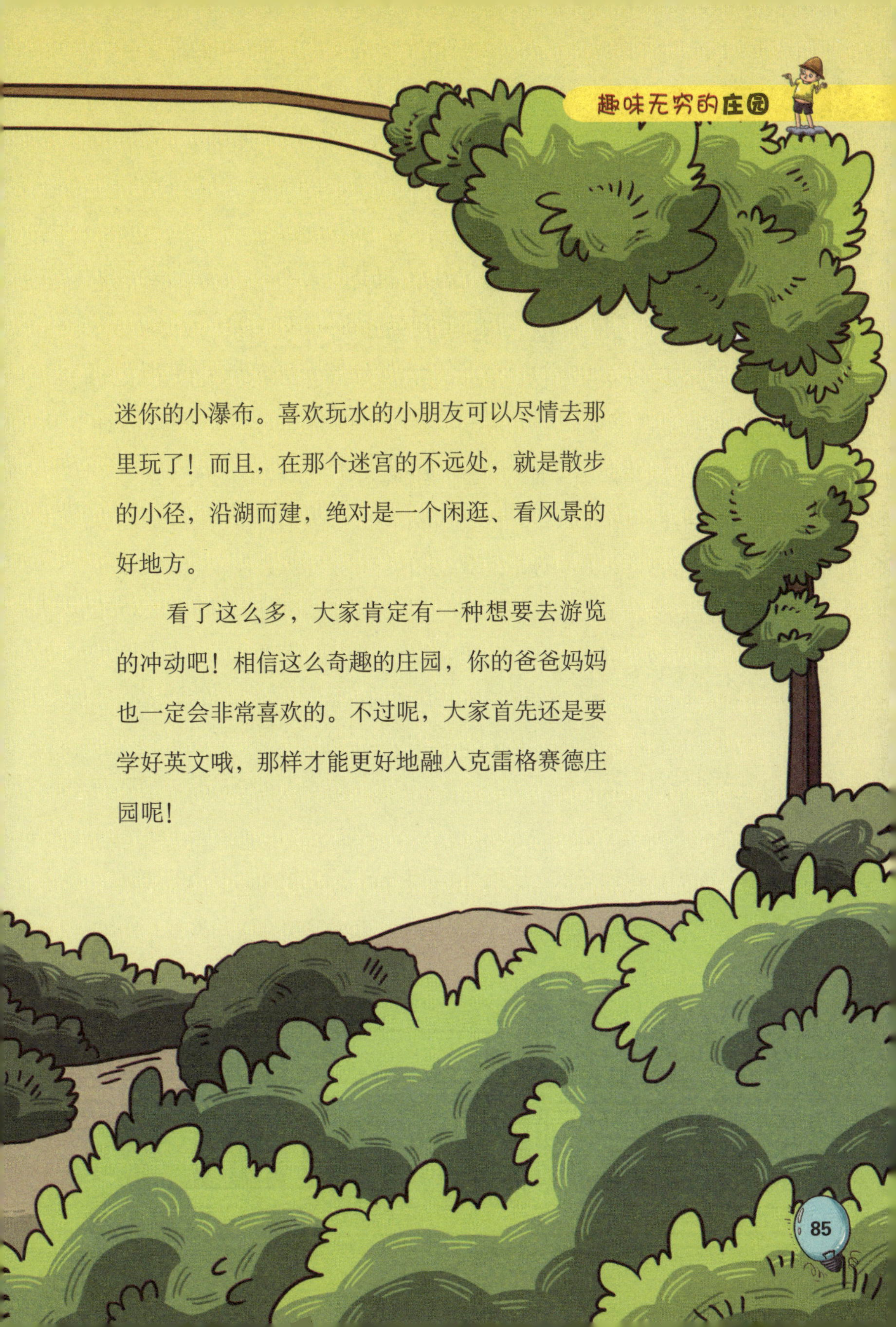

迷你的小瀑布。喜欢玩水的小朋友可以尽情去那里玩了！而且，在那个迷宫的不远处，就是散步的小径，沿湖而建，绝对是一个闲逛、看风景的好地方。

看了这么多，大家肯定有一种想要去游览的冲动吧！相信这么奇趣的庄园，你的爸爸妈妈也一定会非常喜欢的。不过呢，大家首先还是要学好英文哦，那样才能更好地融入克雷格赛德庄园呢！

建在湖边的库斯科沃庄园

“我想有座房子，面朝大海，春暖花开。”这是很多大人的梦想，可能我们现在还小，没有这样的想法。但我们可以展开丰富的想象：一座靠海的房子，站在家里的窗台边就能清楚地看到海浪袭来时的壮观景象。这个场景是不是非常漂亮呀？

在俄罗斯莫斯科的东南部，有一座庄园就是这样。从庄园的窗户往外望，清澈见底的湖水里倒映着蓝天白云，宫殿的影子在湖水里清晰可见，仿佛水底下就存在着一座那样的房子。这就是库斯科沃庄园。

库斯科沃庄园在俄罗斯可是家喻户晓，而且里面的很多的建筑都带着18世纪的艺术风格，因此还有着“小凡尔赛宫”的称号。库

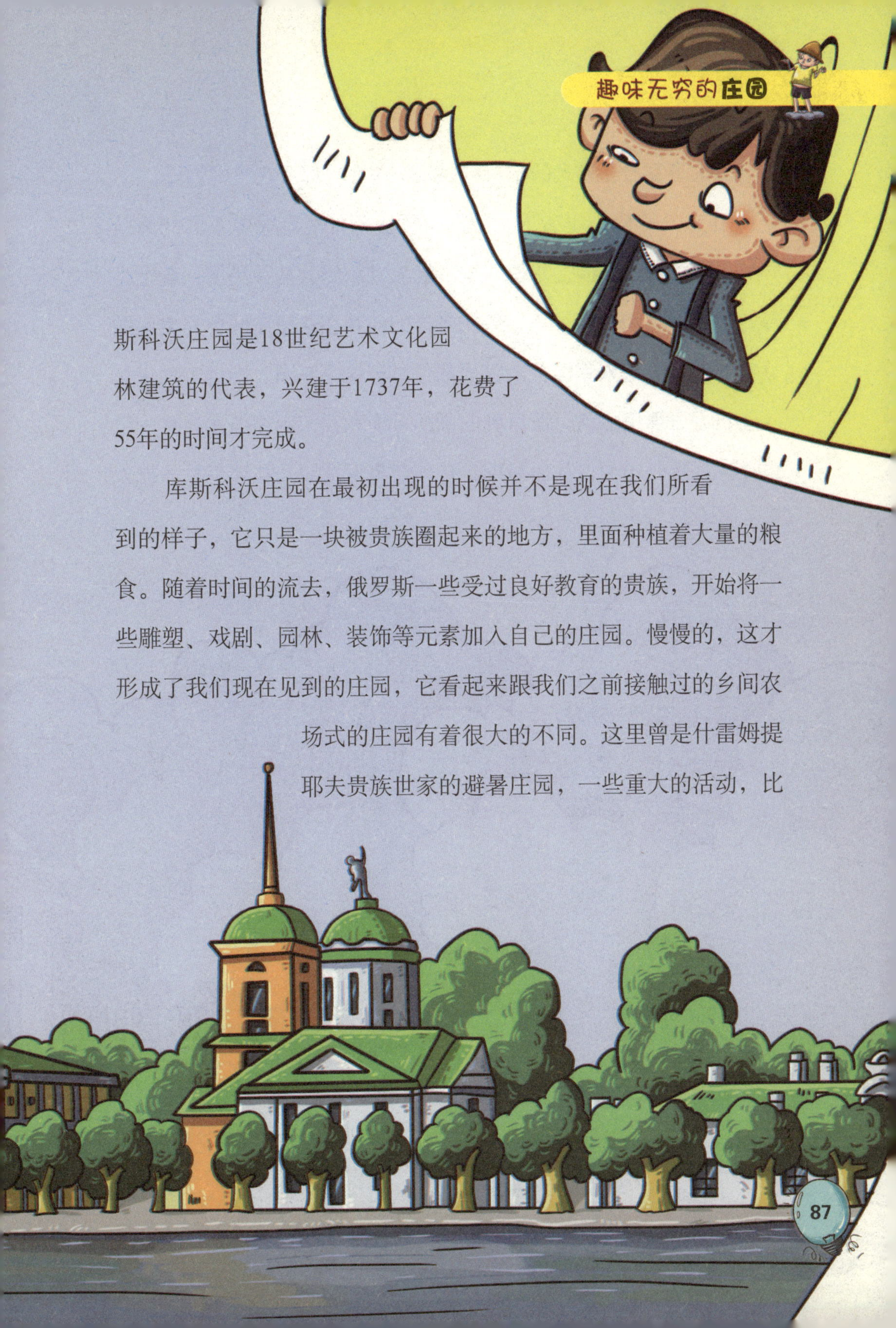

斯科沃庄园是18世纪艺术文化园林建筑的代表，兴建于1737年，花费了55年的时间才完成。

库斯科沃庄园在最初出现的时候并不是现在我们所看到的样子，它只是一块被贵族圈起来的地方，里面种植着大量的粮食。随着时间的流去，俄罗斯一些受过良好教育的贵族，开始将一些雕塑、戏剧、园林、装饰等元素加入自己的庄园。慢慢的，这才形成了我们现在见到的庄园，它看起来跟我们之前接触过的乡间农场式的庄园有着很大的不同。这里曾是什雷姆提耶夫贵族世家的避暑庄园，一些重大的活动，比

如什么大型宴会、盛大的招待会以及游园会等都会在这里举行。

在主人的精心建造下，库斯科沃庄园曾经有很多不同的建筑风格，比如英法花园、中国亭子、意大利小屋、荷兰小屋、瑞士小屋，以及教堂和钟楼等等。各式各样的建筑在这座庄园中完美地融合在一起，看起来就像整个世界都住进了这个庄园。不过，大家如果有机会去那里的话，所看到的画面可能和我们现在描述的有一定的不同。那是因为，战争时期，法国大将军拿破仑在这里放一把大

火，将一些建筑以及艺术品等烧得所剩无几了。但这里如今仍旧保留20多座造型独特的建筑，宫殿、人工石洞、大石暖房、古老的教堂，等等。

庄园的里面又是什么样子的呢？这个庄园从1919年开始就被作为博物馆使用，当时能够进去参观的只有那些上流社会的人士。而如今，任何人都能进去游览，并欣赏它的美妙风光了。现在就让我们一起走进去，去好好感受一下这难得的俄罗斯庄园吧！

从库斯科沃庄园的正门走进去，首先映入眼帘的是一个不算小的人造湖，波光粼粼的水面，使得湖边那法式风格浓重的宫殿显得

更加高贵。这座宫殿是庄园建筑群的重心，为木质结构，但是与我们常见的木楼非常不同。整个的宫殿看不到一点木头的感觉，倒是很像大理石的建筑。穿过宫殿的正门，大厅里整齐地摆放着很多幅油画，还挂着一些有森林和飞禽的挂毯、带着中国特色的巨大瓷花瓶。这个宫殿的其他地方和那些贵族宫殿没有什么太大的区别，但值得一提的，也是宫殿最特别的地方，就是这里有一个金碧辉煌的舞厅呢！

这个宫殿舞厅被称为“镜子的画廊”。不过，这种所谓的“金碧辉煌”可不是像大家所认为的那样，是用油漆刷上去的，而是用真正的金子贴上去

的。看完了四周，抬头看看你们的头顶哦，舞厅的天花板，也是非常有特色的。天花板上画着一幅巨大的阿波罗和缪斯的油画，中间还悬挂着两盏大的水晶灯吊。在地板上，一个连着一个的黑色圆圈；在角落里还立着一架黑色的钢琴，庄严典雅的气氛仿佛让我们的呼吸都放慢了呢！

舞厅窗户的左侧是法式花园，若是细细去品味，绝对可以从中找到法国贵族的那种高贵。特别的是，在舞厅的另一侧有一面巨大

的镜子，可以完全倒映出整个花园的美丽。安静平淡的花园，加上浓浓的法式风味，一转头，你还能从大镜子里看到它的身影，这样的场景，像不像画里出现的呢？此外，庄园中还有埃尔米塔什馆、意大利馆、荷兰馆等很多值得大家欣赏的地方。

如果有幸到那里去游览一番，相信那一定是一次非常有意义且不虚此行的旅途！

书香味浓厚的托尔斯泰庄园

在去某些有名的旅游景点游玩的时候，不知大家有没有这样的发现，很多景点的名字都是用人名命名的，如孙中山故居等。其实，这些景点之所以用那些名人的名字命名，主要是因为那是他们曾经生活过的地方，这样无形中也更让景点出名了。

这一次，就给大家介绍一个非常有名的，用名人的名字命名的庄园——托尔斯泰庄园。在那里，通过一些摆设和装饰就能体现出一种文化的气息，而且还透着一种淡淡的书香气。列夫·托尔斯泰的很多作品就是在那里写出来的。

托尔斯泰庄园位于俄罗斯图拉州的雅斯纳亚·波良纳镇，离莫斯科有不到200千米的距离。列夫·托尔斯泰的大部分时间都是在那里度过的。即使是在他念书期间，只要一放假，他都会第一时间回到庄园。因为庄园就像是给他遮风挡雨的港湾。他的很多巨著，都是从这个庄园中流传出来的。你想去那里看看吗？

托尔斯泰庄园的大门呈绿色，非常高大，散发出一种稳重感。站在门口往里望去，满眼都是葱葱绿色和宁静的水面，安静的气息仿佛在向世人介绍着这里藏着的一种无尽的文化底蕴。从大门走进去，一条笔直的水泥路伸展在脚下。在水泥路的旁边，有一个池塘。池塘的不远处，在绿荫的簇拥下，露出十几幢红色和白色相间的尖顶小屋。路的右侧是一块低洼地，不远处还有一座白色的小桥，就像一块图案点缀在草丛中。在庄园里，分散着几个不大的湖泊，湖边还停靠着一艘捕鱼的木船。这样的画面，像不像在郊外踏青的感觉呢？散发着草香、泥土香的空气，还有林荫小道，会不会让你有种想躺下的冲动呢？无论从哪个角度看，这里都是一片典型的俄罗斯景致。

沿着小道朝前走去，有一座两层的小楼，那里就是托尔斯泰生活和工作的地方。楼房的外面刷着白的和绿色的油漆，与周围

的环境融合在一起，看起来就像是用小草围起来的房子。

走进小楼，沿着木质的楼梯走上二楼，在楼梯的尽头转角处有一座古老的时钟。虽然已经有100多年的历史了，但它依然走得非常准。

在这座二层小楼中，最大的一个房间就是客厅。这个画着很多画家为托尔斯泰家人所画的画。客厅里摆放着一张豪华的大圆桌和几把简单的椅子。此外还有两架三角钢琴。

和客厅挨着的就是托尔斯泰的写作室。里面有一张不太大的写字台以及一张矮小的椅子。在椅子的背后，则放置一张很旧很宽的黑皮沙发。当他写作累的时候，就躺在沙发上休息。你可不要小瞧这张沙发哦，据说，这还是被拆毁的老屋里留下的唯一物品呢！写字台的右边有一张摆满书籍的简易书

架，这些书可都是托尔斯泰读过的，里面竟然还有德译本的《道德经》呢！

走出小楼，再仔细看看，整个庄园看起来宽大、幽深，给人一种气势恢宏的感觉；可是这幢小楼却显得有些小巧，而且也不很精致。

如果参观时赶上天气好，还会看到阳光透过高大的树林直直

射在嫩绿的房子上。据说，在这片大森林里，只有这里才能被太阳照射到。阳光努力穿过绿叶，射向那草地、楼房，还有田园，给大地涂抹上了一层金灿灿的颜色，让人都忘记了时间。浓厚的文化内涵在这美丽如画的风景里慢慢地散开着。

列夫·托尔斯泰

列夫·托尔斯泰，生于1828年，是俄国著名作家，文学巨匠，创作了世界文学史上第一流的作品。在早年的时候，他的父母就去世了，从小接受严格的贵族家庭教育。19世纪50年代，他开始进行创作。比较有名的代表作有自传体三部曲《童年·少年·青年》、长篇巨著《战争与和平》以及《安娜·卡列尼娜》等。1910年，因为某些原因，他离家出走，不幸在途中患上肺炎，最终病逝。

优雅的费罗丽庄园

在100多年前，美国的旧金山发生了一次大地震，导致很多人失去了自己美丽的家园。于是，大批的富豪们纷纷从旧金山搬了出去，另外寻找地方，重建自己的家园。其中有一个金矿矿主，名叫布恩，当他来到旧金山南面的一块地方时，立刻喜欢上了这

里。这里被青山绿水环抱，真是一处宝地。于是，他决定在这里重建家园。经过几年的时间，一座美丽而优雅的庄园建成了，这就是费罗丽庄园。

费罗丽庄园是美国花园黄金时期的最佳典范。走进庄园，仿佛来到了另一个世界，展现在人们眼前的是一幅世纪交替的美丽乡村景象，静谧且色彩斑斓。

费罗丽庄园紧邻伍德赛德小镇，距离旧金山只有48千米，花费了4年的时间，在1921年完工，具有典型的英国古典田园风格，走进去，仿佛置身于世外桃源一般。整个庄园主要分为两大部分：主建筑和花园。其建筑面积达3000多平方千米，大约有40多间房屋，外墙融合了法式的砌砖方法，屋面则采用西班牙传统的赤陶瓦，门窗则是英国田园风格。屋子里面装饰有大量的艺术品和古董。比如在客厅中，就有两尊中国的陶瓷古董，分别是仕女和武将。就连厨房的装潢都十分讲究，摆放盘碗的收藏柜也独具风格，散发着古老却珍贵的气息。

费罗丽庄园中最吸引人眼球的还是那美丽无比的花园，这也使得庄园成为20世纪早期美国最为优秀的国家遗产之一。不同方位、不同季节的费罗丽庄园，展现给人们的都是不同的、让人惊讶的绮丽美景。设计者在花园中，将花坛、草坪、水池以及远处的山脉融合为一体，别具一格。在这里，你可以欣赏到各种美丽的花朵：秀丽的水仙、鲜艳的郁金香、齐放的芍药、争艳的玫瑰，等等。

费罗丽庄园的花园像房屋一样，被分割为许多“房间”。每个房间都美得让人沉醉。下沉花园呈对称式，是花园的“客厅”部分。这里规整大方，里面还设置了凉亭和观景露台，以供游人休息的时候也不忘观赏园中的美景。此外，还有林地花园、香草园、蔬果园、围墙花园等。

费罗丽庄园中还有大部分未被开垦的森林野地，给游客提供了散步、赏鸟的好去处。

费罗丽庄园，一个让人惊艳的花园，每个季节都能展现其不同的美。在这里，你可以尽情遨游在花的海洋中，相信你一定会有一番别样的感受！

一个好的花园，是每个季节都能展示不同的美，而费罗丽庄园就是！

有着太阳般热情的太阳谷庄园

风和日丽的天气，沐浴着阳光，仰望蓝天白云，置身于一片绿油油的葡萄园中，在浮云流水间，享受着优雅的时光……咦，难道这又是在法国的葡萄园中吗？当然不是了，这是在中国的太阳谷庄园。

太阳谷庄园，仿佛一个童话般的名字，其出产的冰酒可以说闻名全世界。现在，就让我们一起走进太阳谷庄园，去那里感受一下吧。

太阳谷庄园建于辽宁中部、长白山余脉地带，在北纬41°左右。这里海拔高度大约为150米，光照非常充足，昼夜温差比较大，可以达到三十多摄氏度。而且，这里的土壤非常肥沃，里面含有大量动物死后形成的灰钙质，有着丰富的矿物质和微量元素，非常利于植被的生长。更加奇特的是，这种天然形成的环境让生在这里的植物都带着特殊的味道。如此众多优越的条件，使得它就像是一个天然的植物园一样！

其实，太阳谷庄园中最为有名的植物还是要属葡萄树了。在前面，我们曾介绍了法国庄园中的葡萄树，而且制造出来的葡萄酒更是世界闻名。那么，用太阳谷庄园中种植出来的葡萄

酿造的葡萄酒又有什么特别之处呢？告诉你吧，这里种植出来的葡萄和我们在水果市场中看到的葡萄一点都不一样，不仅如此，用这里种植的葡萄酿制出来的葡萄酒可堪称“佳酿绝品”。

太阳谷庄园建于1995年，环境美丽，优雅而别致。一座白色的欧式建筑坐落在山前。最为吸引人的，还是庄园中成片的葡萄树，在强烈的光照下，每一粒葡萄都是那么饱满，让人忍不住想去摘几粒尝尝。因为太阳谷庄园的地理位置、土壤以及气候非常独特，曾经有人夸赞它为最得天独厚的葡萄种植地。用这里的葡萄酿制出来的葡萄酒有一个非常好听的名字：冰酒。

太阳谷庄园中的冰酒在世界冰酒中，品质可以称得上是最好的。它的产量也可以占到世界冰酒产量的1/4，因此太阳谷庄园被世界各地爱好冰酒的人称为“世界冰酒圣地”。现在，全世界能生产冰酒的国家是非常少的，只有德国、加拿大、中国等几个国家。因为冰酒对原料葡萄的品种以及环境要求都非常苛刻，一般的国家甚至需要间隔三四年的时间才能产出来，因此还有一个说法，叫“每100万葡萄酒才有一瓶金奖冰酒”。

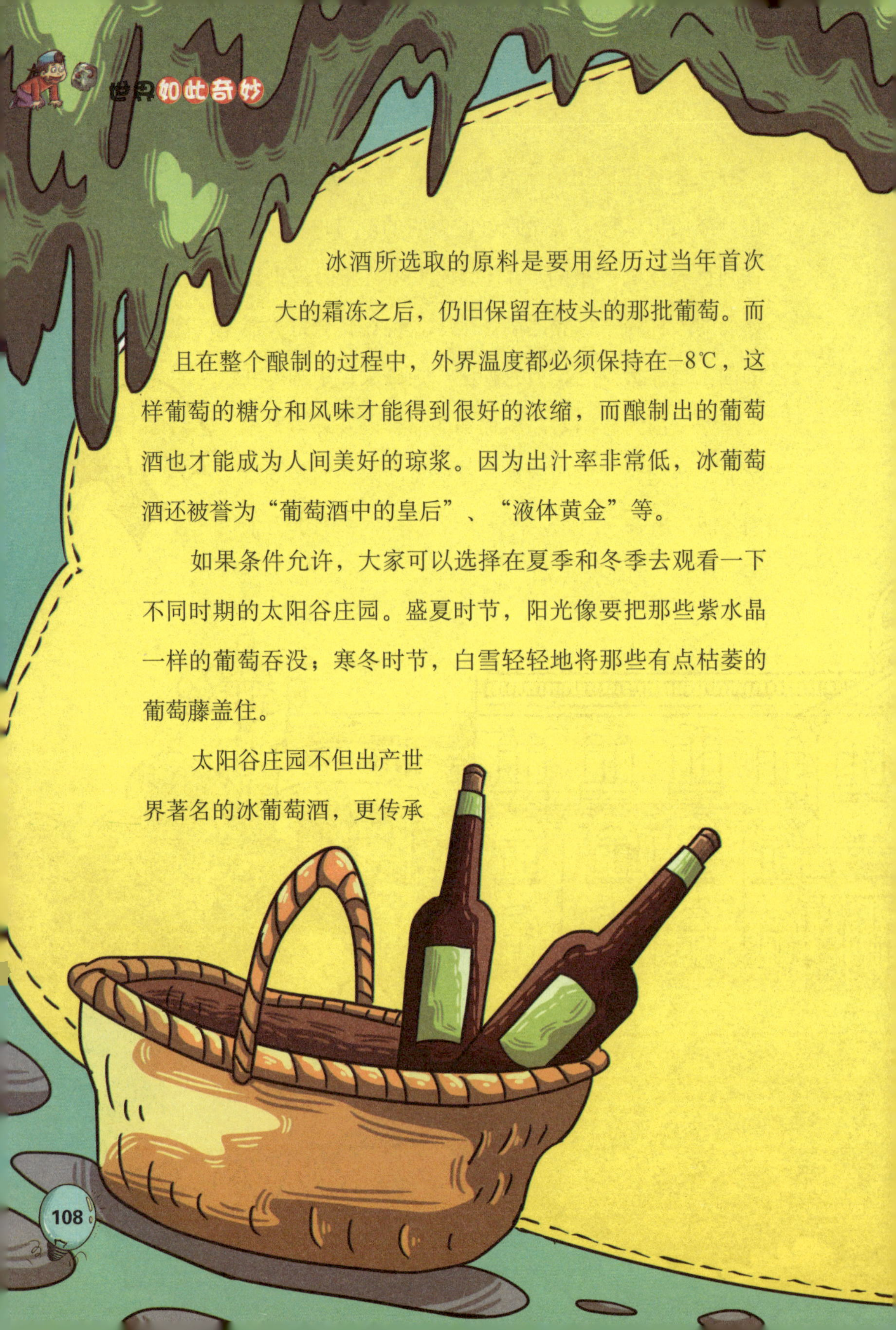

冰酒所选取的原料是要用经历过当年首次大的霜冻之后，仍旧保留在枝头的那批葡萄。而且在整个酿制的过程中，外界温度都必须保持在-8℃，这样葡萄的糖分和风味才能得到很好的浓缩，而酿制出的葡萄酒也才能成为人间美好的琼浆。因为出汁率非常低，冰葡萄酒还被誉为“葡萄酒中的皇后”、“液体黄金”等。

如果条件允许，大家可以选择在夏季和冬季去观看一下不同时期的太阳谷庄园。盛夏时节，阳光像要把那些紫水晶一样的葡萄吞没；寒冬时节，白雪轻轻地将那些有点枯萎的葡萄藤盖住。

太阳谷庄园不但出产世界著名的冰葡萄酒，更传承

了我国的酒文化。大家可以

再想象一下，在茫茫的冰雪中，端着

一杯独特味道的冰酒，让葡萄酒的味道在口中慢慢

地打转，该是多么惬意的事情啊！可是，这种体验只能等我们长

大了才可以去尝试哟！

藏在农村的魏氏庄园

见惯了城市中的高楼林立，相信很多人对那种红砖青瓦的低矮房屋会感到很陌生。其实，在如今的农村，那种低矮的平房并不少见。除此之外，那嫩绿的稻田、散发着清香味的空气应该是很多人向往的。没错，生活在大城市的人们，只要去过农村走过一圈，一定都非常怀念那带着乡土气息的乡村。如果能把城市

中的高楼和乡村那绿油油的庄稼结合起来该多好啊！其实，在我国，还真有这样一个城市的乡村，乡间小道的尽头是一栋高高的堡垒，身旁种植着大量的庄稼。一幅油画般的景色，绝对会让人忘记身处何处的。真的有这样的乡村吗？真的有那么美的乡村建筑吗？我们一定要去感受一下哦。

这个地方就是位于我国山东省滨州市南部魏集镇的魏氏庄园。它是一组独具特色的城堡式民居建筑群，更是我国杰出的民居代表呢！我国有三大庄园，这座魏氏庄园就是其中之一，另外还有山东烟台的牟氏庄园和四川的刘氏庄园。不过到这里游览的人们感触最深的，还是它的房屋建筑带着浓浓的军事建筑特点！

魏氏庄园是目前发现的中国最大、保存最完整的清代城堡式民居。它建于清朝光绪十六年，也就是公元1890年，是清代时朝廷命官魏肇庆的私人宅院，虽然经过了战争和政治运动的洗礼，但主体建筑依旧保存完好。

魏氏庄园占地面积很大，达到2万多平方米，其布局巧妙，结构合理，里面包括了住宅、花园、池塘、祠堂、广场5个部分，看起来就像一个小小的城市。

庄园最具特色的是，庄园主人将古代军事防御功能的建筑和四合院式的民居融为一体，因而才建成这里具有独特艺术

风格的城堡式建筑群。

庄园坐西朝东，庄园前高大的拱券门上方刻着两个遒劲有力的大字——“树德”。字体方正，笔法遒劲，给人一种端庄朴实、秀逸潇洒的感觉。门口还矗立着两个柱子，在柱子的上半部分，有一个装米用的斗，有“升”的意思。有意思的是，斗的位置并没有放在最高处，距离顶端还有一定的距离，预示着还要高升。在庄园的大门入口处，还种了一株大槐树，听说这株树已经有100多岁的高龄了。可以说这棵槐树见证了这个庄园的发展，也目睹了世事的变迁和魏家的兴衰。

庄园的城墙由两墙形成，而且在两墙之间有一条过道。但是目前我们仅能看到内墙，与我们常在电

视里看的战争场面很像。在城墙的四周有几个拱形的小口子，可以从那儿看到外面的景色。而在内层地墙体上，则留有上下两层对外的射击孔。在城墙东南角和西北角上建有两个向外突出的圆形炮楼，各分为上、中、下三层，每层都留有射击孔，可以根据不同距离而选择不同的射击孔。这个庄园里的建筑不光是实用价值很高，而且这栋建筑的抵抗能力比较好。而这种军事防御的设施在现在所存的古代建筑中也是非常少见的。现在在我们眼前的这个庄园，是经历了很多场战争的洗礼和政治运动冲击所留下的，主体建筑仍然保护完好。

庄园中的主体建筑就是那城堡式的住宅了，总共有256间左右的房屋，由中央院落和东、西院落组成：中央院落属于比较典型的北京四合院住宅，两侧是书房、厨房等；东跨院是东

正房形成的一个小院，和后东厢房有暗道相通，这里还有被称为三土中的二土，即土自来水、土暖气；西跨院的格局和东跨院比较相似，只是后西厢房是当时大小姐居住的地方，而南侧的房间不是厨房，而是当时服侍小姐的丫鬟的房间。在这三个院落之间，都有通道相连。

从外表看，住宅不但体现了北方建筑的对称、雄厚的风格，也体现出南方建筑布局灵活的特点。建筑主要是采用砖石木混合建成，按照前堂、后寝的顺序依次排列。整个院落错落有致，和

高耸的城墙融为一体。让大家感到惊奇的是，这里还有几十间粮仓，可以储备大量粮食，地下埋着煤炭，院内有砖砌的水井。所以假如遭遇战争或者灾荒的时候，即使不开城门，也有足够的生活保障。

若是你们有机会能够去看看，可一定要仔细看看那些具有军事防御作用的城墙哦。此外，远处的村庄以及那袅袅的炊烟都给这画一般的景色增添了不同的特色。可以说，魏氏庄园是中国古代建筑的一颗明珠，也是中国古代劳动人民聪明、智慧的结晶。因此，在1996年，魏氏庄园被国务院定为国家重点文物保护单位。

体现地主生活的刘氏庄园

清朝末年，在四川大邑县的一个小镇上，有一户刘姓的地主，他拼命地压榨长工，让那些穷人把自己的土地交出来，占为已有。而且，他不断地在那些土地上修建房屋，还用围墙圈起来，于是，就形成了现在表现封建社会历史的最好地方。这就是历史教育基地——刘氏庄园。

说到刘氏庄园，就不得不提刘文彩。听到这个名字，很多人

会联想起一本著名的连环画《收租院》，还会联想到水牢等，甚至脑海中会浮现出类似剥削、压迫等一些词汇。但是，参观完刘氏庄园后，很多人会将这些联想抛之脑后。这是为什么呢？

刘氏庄园位于大邑县安仁镇，距离成都大约有45千米的路程。这个庄园是近代大官僚地主刘文彩的私家住宅，是目前国内保存最完整而且也是规模最大的一处封建地主庄园，由南北两个大的建筑群组成，最初占地面积有1万多平方米，后来经过扩建，达到7万多平方米。庄园兴建于清朝末年，后来经过几次修建和扩建，才形成了我们今天看到的规模。

当时，刘文彩的野心非常大，所以将自己的住宅建成了在当地最具有代表性的建筑。庄园建筑规模宏大，气势非凡，富丽堂皇。整个庄园的建筑呈现出中西合璧的样式，不但有中国封建豪门府第的风格，更体现了西方城

堡和教堂建筑的独特魅力。刘氏庄园内，有很多功能各异的小房间，大厅、客厅、账房等一切都具备。最特别的是，庄园的大门整体有我们现在的两层楼那么高，左右各立着一只大红色的石头狮子，给人一种威严的感觉。大门刷着黑色油漆，把手是一对红色的鲤鱼，相向翘着尾巴的鲤鱼对着中间那颗白色的珠子跃跃欲试。

在大门的上方还写着四个描金大字——受富宜年，显出主人家一副腰缠万贯的样子。

进到庄园里，首先看到的是一辆摆在正前面的福特轿车。大家可能会觉得这样的轿车没有什么看头，再平常不过了。但是联系一下当时的历史状况，那可是经济非常落后的时代呀，很多人连温饱都解决不了，但刘文彩这个地主却能买得起这样的小轿车，可以想象，他当时多么富有了！当然，他的这些钱都是通过搜刮穷人得到的。

穿过院门，走过天井，来到庄园的最后面的一个比较大的院子，据说这里就是当时用来收租的院子。前面我们介绍的连环画《收租院》主要就是描写发生在这里的故事。当时的穷苦百姓被刘文彩地主压迫的最真实的场景就是在这里

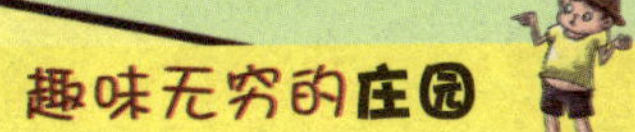

上演的。在这个收租院里，那些辛苦了一整年的农民们将手中仅有的一点钱或者粮食交给他，以换取能够继续将手上的那块地用来种庄稼，养活自己的家人。

假如你去那里参观，还能看到泥塑家们以那段历史为原型而制作出来的泥塑群——《收租院》呢！这些用泥巴捏出的小人物虽然看起来很平常，但是在艺术界可是有很高的评价呢！这些人物形态逼真，体态各异，完美体现了交租、验租、过斗、算账以及逼租、反抗的情景。这个雕塑杰作是在1965年创

作出来的，在国内外都产生了深远的影响。当然，这个雕塑也是刘氏庄园最大的看点之一。

此外，刘氏庄园中刘文彩当年居住的内宅也显示出其奢华的本色，居室摆放的用品在如今看来都依然华贵。刘文彩的床可以说是最为奢华复杂的，雕栏玉砌还镶嵌着金花。庄园中的民俗馆中，还展示出当时所用的纺织机、石磨、渔船、花轿等，通过这些生活用品，我们完全能够了解近代甚至古代人们的生活方式。

刘氏庄园是中国近现代社会的重要史迹，也是具有代表性的建筑之一。它不但体现了四川地主庄园的建筑风貌，同时也体现出西方的建筑风格和中国传统建筑风格的完美结合，有着重要的历史、文物和艺术价值。看了这么多关于刘氏庄园的介绍，相信大家都想去一睹它的风姿吧！在你准备去那里之前，可以找一些关于封建社会的历史书籍读一读，相信对你们去那儿参观有很好的帮助呢！

牟氏庄园

前面我们介绍了我国有三大庄园，对于刘氏庄园和魏氏庄园，大家已经有了一定的了解，那这第三座庄园——牟氏庄园又是怎样的情景呢？现在我们就一起去看看吧。

牟氏庄园，也叫牟二黑庄园，位于山东省栖霞市城北部的古镇都村。当初，牟氏的祖先特意请了一位风水先生，在这个“背靠风采山，面临月牙河”的镇上选择了这方“旺气所在”的宝地。据说，牟氏庄园在清朝雍正年间就开始兴建了，

但直到1935年才形成今天这样的规模。虽然经过了几百年的风雨，庄园依旧“旺气”正盛。而且你可不要小看这个庄园哦，当时可是北方头号大地主牟墨林家族几代人聚族而居的地方呢！

牟氏庄园依山傍水，坐北朝南，是我国现今为止北方规模最大、全国保存最完成、最典型的封建地主庄园。从外面看去，整个庄园建筑结构严谨，宏伟壮丽，具有北方民族建筑的艺术风格。庄园共分为3组，包括6个院子，从南到北依次为南群房、平房、客厅、大楼、小楼、北群及东西群厢多进四合院落，形成了一整套具有典型北方民居特点的古建筑群落。

牟氏庄园最为强调的就是门面的装饰，所以庄园的大门是非常特别的。两扇黑漆的大门上面雕刻着一副金色的对

联：耕读世业，勤俭家风。下面的门槛竟然有将近20厘米高。一对珍贵的抱鼓石立于大门的两侧。这对抱鼓石是玄武岩，取自城东的唐山，据说是一个四川的石匠师傅花了3年的时间才雕凿而成的呢！

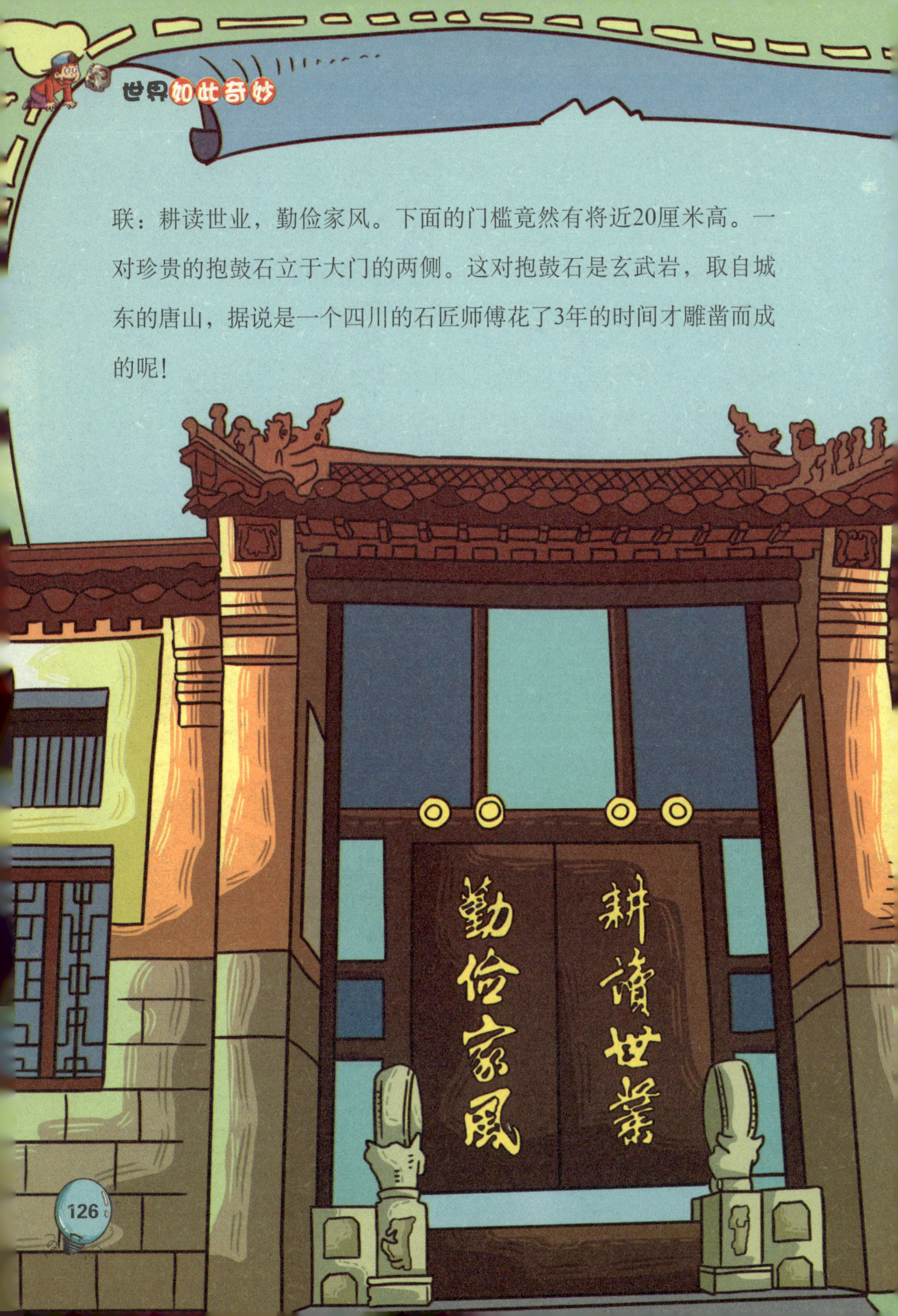

庄园周围是石块砌成的石墙，但看上去非常平整。据说，在砌石墙时，庄园主人每天都会发给工人们一些铜钱和锅铁，将其放入墙缝中，因此墙面看起来才平整如镜。假如你仔细观察的话，还真能从墙缝中看到那些嵌着的铜钱呢！此外，院子里还有一面花墙，砌着386块六边形的墙石，无论取出其中的哪一块，都能和周围的石块组成一个六边形花卉图案。而这些石块整体上又拼成了一个百花相连的连续图案，怎么样，是不是很让人惊叹呀？

然而，更让我们惊奇且耐人寻味的是，牟氏庄园中还有“三大怪”。咦，这是怎么回事呢？还是让我来告诉你吧。

这第一怪是庄园中各大院子的客厅后面都有后门，而且前后门以及房门都在一条直线上。或许你会说，这也没啥奇怪的呀？你不知道，其实，在胶东民

间，有一个传统，那就是“院门、房门不能对着开，房门不能前后开”，你看，庄园客厅的门和这个传统风俗迥然不同，你说奇怪不奇怪呢？

第二怪是什么呢？在北方居住的人可能都知道，咱们每家每户都有火炕，有的还专门在炕脸上留下一个洞口，以便烧柴热炕。但牟氏庄园在建卧室的时候，在窗外墙角下留了一个方形的石砌的炕洞口，佣人按时在外面烧炕取暖。不过，这种做法在今天看来，还是蛮不错的，既卫生又雅观。

在北方的民居中，不管是平房还是楼房，烟囱的位置一般都设在房屋顶上，但牟氏庄园中的那些近百个烟囱却都高高地竖立在了山墙的外面。这就是第三怪。远远看去，这些高耸的、四角形的烟囱就像云雾中的一座座小塔，小巧别致。

怎么样，现在你对牟氏庄园有了一定的了解吧？其实，牟氏庄园不但体现了民族优秀的建筑风格，还有极高的艺术价值和丰富的历史内涵呢，因此，它还被冠以许

多美称，比如“传统建筑之瑰宝”、“六百年旺气之所在”、“中国民间小故宫”等。可以说，牟氏庄园是一部反映封建地主阶级生活的“实物百科全书”，所以，有机会的话你一定要“读一读”哦！

水乡边的莫氏庄园

对于江南水乡的景象，相信大家都有亲身体会或者在电视上看到过。小桥流水、青砖灰瓦、青石板铺成的小道，延伸到水流旁边的房屋边……真的是很美啊！去过那些比较出名的水乡小镇游玩的人肯定会有一个那样

的感觉，在那些青石板的小路两边，好像只能看到那青色的砖瓦围起的地方，似乎都看不到里面的房子。

是的，越是在这种江南小镇上，越能看到这种密封的严严实实的大宅子。仿佛在那些说话轻声细语、干活慢条斯理的水乡人眼里，这样的房子才最能体现出他们的品味。也许你会产生这样的疑问：这样紧紧封闭的房子，哪有什么好看的啊，而且住在里面肯定不会太舒服的！然而，如果你们有机会走进去欣赏一下，

你就不会产生这样的想法了！现在我们就一起去认识一下那水乡边的古庄园吧！

江南私家园林是我国古典园林的代表，在很多城市中，这些园林和住宅相连，占地面积也比较小，大多都是在6000平方米左右。所以在空间的变化和文化内涵上，比较追求那种素雅而精巧的风格。这里要给大街介绍的这个庄园位于浙江省平湖市，那里可有“江南厅堂”的美称呢！它就是清代时富商莫放梅祖孙三代居住的庄园——莫氏庄园。

莫氏庄园是晚清江南私家园林的一个例子，造园技艺非常突出。这个庄园耗费了3年的时间，花了很多钱才最终完工。这个庄园可以说是一座典型的封闭式结构的建筑群，因为在它的四周修建的围墙有6米多高

呢，将庄园完全与外界相隔绝，虽然处于闹市的位置，但里面却安静无比。作为江南比较有名的庄园，它有着“小巧玲珑，布局紧凑”的特点，而且带着浓浓的江南气息。

莫氏庄园将那种典型的江南水乡的建筑风格淋漓尽致地体现出来了。在庄园中有70多间风格各异的房间。如果大家有机会，可以仔细观察一下这些房间，你会发现，这些房间在各自的位置上，但如果将庄园沿着中间线折叠，两边的房屋竟然完全能够重合。不仅如此，每间房屋内的摆设也都带着浓浓的水乡气息，可以说凝结了江南文化的精华，而房屋中摆设的很多字画、古玩等，更显示出这个庄园的历史悠久。

在房梁上，有很多木头雕刻的精美的梁檐构件和华丽多变的廊前挂落。仔细观察那青砖灰瓦才会发现，这些房屋最漂亮的地方还是在屋檐上。其实，漂亮的屋檐是江南水乡建筑的一个最大特点。飞檐翘角的样子让这栋房子更加有特色。而且，翘角上的那些动物形态各异，每一种都是那么惟妙惟肖，不经意抬头望去，你会发现那些动物们像是要朝着湛蓝的天空飞去一般。

事实上，除了这些房屋具有特色外，在莫氏庄园中，那些不同的花园也很具有代表性。这些花园镶嵌在建筑群落之中，被分为前、后、东三个部分的花园。

前花园在西南侧，虽然面积不大，但具有玲珑的特色。园内还有一个水池，和外面的甘河相通，池中有鹰、狮等兽石立于其中，形态各异，活灵活现。

后花园在西北端，中间有一山石将其分

为两个部分，东边有一个曲廊，通向走马楼，在这里可以纵观全园的景色。园内的湖水、假山玲珑剔透，蔓藤缠绕于假山之上，平添了几份情趣。

东花园则位于庄园的最东边，东面和南面都是高墙，西面是东花厅半廊，北面是阁楼。在这三个部分花园中，东花园的面积是最大的。花园中间是一个水池，名叫“婴山池”。四周种植着花木，非常漂亮。

莫氏庄园虽然占地面积较小，但设计者通过院

落的布置、挖池堆山等造园的手法，给人形成一种舒适、温馨的感觉。在园景的处理上，不但注重材料、花木品种的地方特色，比如庄园中种植了很多芭蕉、腊梅、翠竹等江南传统花木，还用对景、借景等手法，在有限的空间内，制造出一种丰富多姿的景观艺术效果，处处体现出一种江南水乡妩媚、秀丽的园林景致。

看了这么多，大家是不是已经对这个“与世隔绝”的小水乡的高大建筑有了新的认识呢？的确，这看似平淡的庄园，内里却尽显着江南水乡的建筑风格，透着浓浓的江南民居特色。如此具有特色的地方，让很多人都想去那儿好好看看它的样子呢！

高原上的朗赛林庄园

西藏，位于高原上的一个偏远地区，远离城市，空气稀薄，降水量少。但西藏也是一个旅游圣地：璀璨夺目的布达拉宫、幽静典雅的罗布林卡……但你知道吗，在西藏历史上，曾有很多农奴存在，还有一首歌叫《翻身农奴把歌唱》，描写的就是农奴。在西藏，地方政府、贵族、寺院等是最有地位的地方，而农奴，

就是这些有地位的人家的奴隶。这里，要给大家介绍的这座位于高原上的庄园，其实最初就是农奴的住所。

这座庄园就是被称为西藏高层建筑的代表——朗赛林庄园。它可以说是西藏封建农奴制社会的一个缩影，体现了藏族人民在庄园式建筑

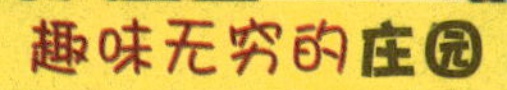

艺术上的聪明才智。在经济落后的高原地区，能有这么一片艺术感十足的宅院，真是让人觉得不可思议啊！

朗赛林庄园位于山南地区的扎囊县朗赛林乡，是西藏最为古老的庄园，虽然经历了几百年的风雨，但依旧屹立在沙漠的沙土之上，被称为西藏最为古老的一座庄园建筑。

在几百年前，西藏有一个出名的大领主，为了显示地位的显赫，他修建了一栋四层小楼，被称为扎西若丹庄园。后来，随着势力的不断扩大，这栋小房子已经远远满足不了他的欲望了。于是，在13世纪的元朝末期，庄园主人在这栋楼的背面的开阔地方又重新建了一座7层的主楼，用高高的围墙将一整片地给圈了起来，这就形成了我们今天所看到的这座高耸的朗赛林庄园。

朗赛林庄园处于临江的袋型谷地中，采取的是高大的

垣墙围合的整体格局，庄园共有两层围墙，看起来固若金汤。外墙呈长方形，主要是用大块大块的石头砌成的，墙窄而矮小。内墙的下部也是以石块为基。在墙和墙之间还放着石板，作为稳定围墙的支架。墙的总体高度大约为10米，墙的顶部还有木檐，主要是用来遮雨，以保护围墙。在内墙和外墙之间，还有一条宽5米左右的护城河，都是用石头砌成的，具有较强的防御性能。但是，如今我们看到的庄园围墙已经完全不是当年的那种风貌了。因为战乱的原因，围墙已经被损坏，有点经不起风沙的侵袭了。

庄园的主建筑即主楼可以算是西藏为数不多的高楼建筑的一栋，位于庄园中部偏北地方，整个建筑的墙壁都是用土、石筑成，主楼的东半部分从底层到顶部的墙壁都是由石块砌成的。这

些石墙上都刻着八宝图案。在主楼的大门前，有一个长方形的高台，前面和左面有台阶可以登上去。这些台阶造型比较独特，框架是木制的，上面装有石板，组成了木石台阶。前面的台阶比较大，级差小，而左边的台阶则窄小，级差也大。

走进主楼，楼内从三层到四层都有一间经堂。虽然经历了几百年的光阴，但墙上的元代壁画仍旧有一部分保留下来，壁画中的天神佛看上去依旧色彩烂漫。在第三层，还有一个16柱的会客大厅。其实，房屋中有多少柱子是要分等级的，除了达赖喇嘛使用的24柱外，这里的级别可以说是最高的了。五层则是神殿，墙上的壁画有护法神像、无量寿佛等。第六层就是庄园主人居住的

地方了，这里的房间比较少，只有神殿和卧室。

庄园中除了主楼外，还有一栋比主楼稍微低些的南楼，里面是马厩和牲口棚。另外主楼的四周还有一些矮小的小房屋等。

在朗赛林庄园，你还可以看到一些经堂、神殿等带有浓厚地方特色的建筑。虽然在西藏，这些建筑几乎可以随处可见。但假如你仔细观察，就会发现，这里的神殿等建筑和其他地方的风格完全不一样。这里的建筑似乎更加典雅，让人感觉更加雄阔。

看了这么多，你一定对这个高原上的庄园产生了好奇吧。假如你有机会去那里游览，一定要爬上主楼，相信你一定会被眼前的美景深深吸引的。站在那里，你会看到远处的雪山，近处神圣的寺庙，这些都孕育着浓浓的高原风格。相信这个庄园一定会给你留下深刻的印象。

姜氏庄园真是窑洞中的“皇宫”

陕北，是一块神奇的土地，历史上，中原文化和各个民族的文化融汇在一起，成就这里独具特色的区域文化。陕北地区属于黄土高原，到处都是被土化的场面，地上铺着一层厚厚的黄土。想要在那里建造砖瓦房，简直是太困难了！于是，那里的人们便沿着黄土，在厚厚的土层中凿出了一个个大洞，装上房门与窗

户，就成了我们常在电视或者照片中看到的窑洞。

在陕北的窑洞中，有一个非常特别、看上去就像是一座有着几层楼高的小山、在其两边还有很多风格不一样的房间的窑洞。这个窑洞真的很特别呀！它就是昔日陕北大财主姜耀祖在清朝光绪年间建成的私宅——姜氏庄园。

姜氏庄园位于陕西北部米脂县的刘家峁村。修建这座庄园总共花了16年的时间。为了建成这座庄园，姜耀祖可是花费了毕生的精力和金钱，他不但亲自监工，而且还花费了巨资，局部到整体，从房屋到围墙，都非常讲究。这座城堡式的窑洞庄园可以说是全国唯一的。庄园各个地方、框架以及角落中的各种摆设都

加入了最为讲究的艺术雕刻。整个庄园看起来就像皇宫一般，而且透着浓浓的文化气息。

不过，这个庄园最特别的地方是它里面的紧凑布局，巧妙的设计，由上而下，浑然一体。从外面看，它是固若金汤的城堡，从里面看，四通八达，互相都能联通在一起。它采用了当时陕西地区最高的“明五暗四六厢窑”式来建造，而且依靠着天然的山体，更显得建筑雄伟宏大。

因为地处偏僻，交通不便，姜氏庄园并不广泛地被外人所知。和其他奢华气派的庄园相比，“它太崎岖、太孤单、太荒凉了。它没有和达官显贵联姻，只是集中了乡野村夫的智慧，在平凡中体现出大气

和辉煌。”

来到一个平凡得再也不能平凡的黄土山沟中，沿着“之”字形的小路拾级而上，就来到了通往庄园的大门。这是进入庄园

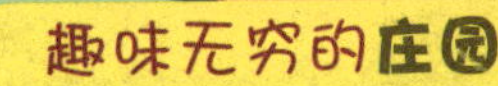

的唯一一个大门，和古代的城门比较相似，门额上写着“大岳屏藩”四个大字。庄园的四周是高达10米的高墙，全是用块石累积而成的，极为坚固，将里面与外面完全隔开。在高墙上有一些瓦窗，在里面就可以看到靠近庄园的人。这样一个高大的庄园，静静地立在山头，从外面看去，就给人一种不凡的气势，像极了故宫里气势非凡的金銮殿。

走进大门，道路折向东面，然后要穿过庄园的第二道防线——斜向的穹窿，然后才能进入庄园的底院。庄园中的房屋和我们现在的楼房很像，一层一层分开，越往上，越能体现出整个房屋对称排列的特点。庄园中不但有下院、中院和上院，还有炮台、库房和鸡鸭棚等建筑。站在庄园里，你们一定会感受到庄园主人家的财大气粗。

下院是第一层，面向西南方向，是典型的那种窑洞“四合院”。在这里，还有书房，正面和两厢分别有三孔石

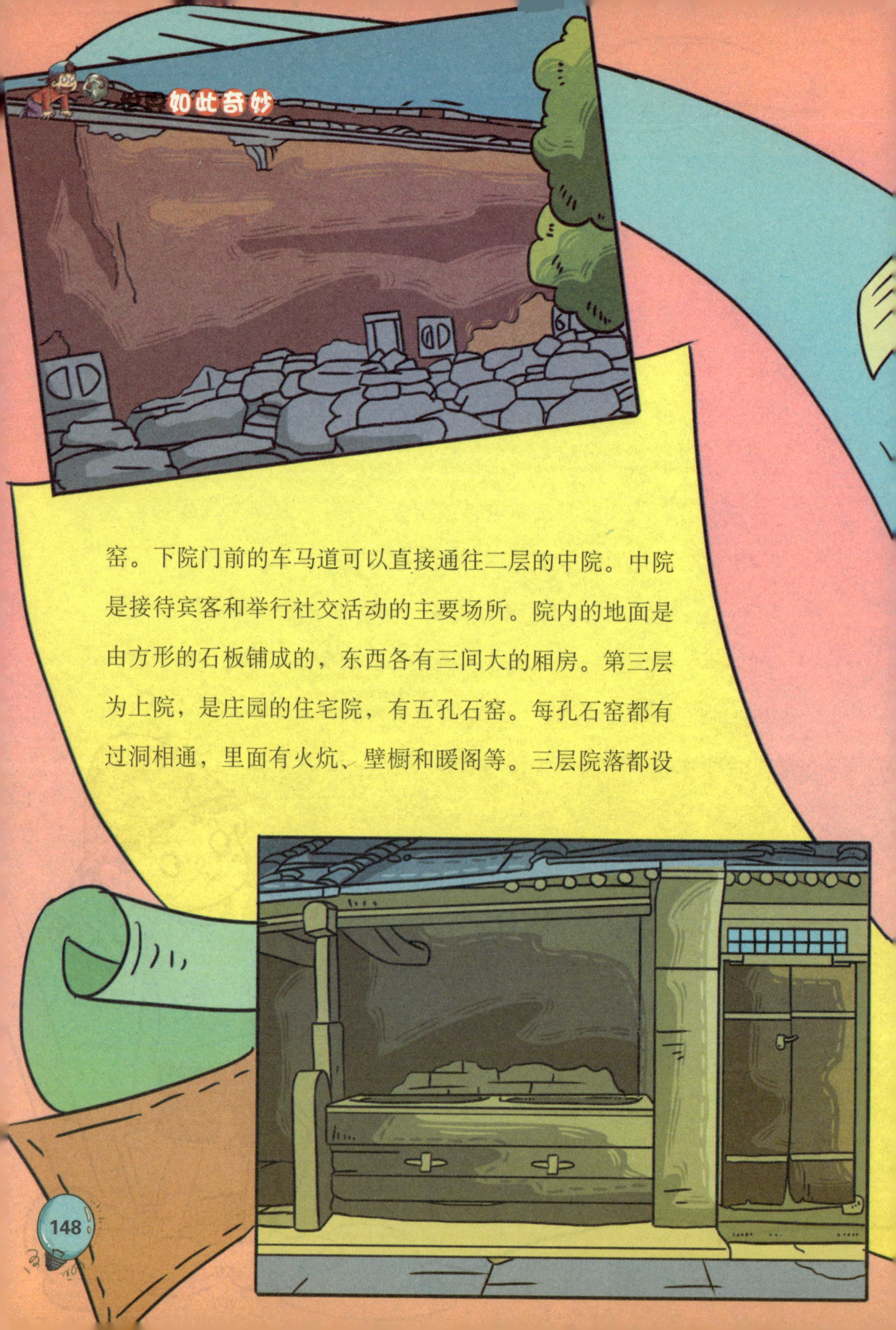

窑。下院门前的车马道可以直接通往二层的中院。中院是接待宾客和举行社交活动的主要场所。院内的地面是由方形的石板铺成的，东西各有三间大的厢房。第三层为上院，是庄园的住宅院，有五孔石窑。每孔石窑都有过洞相通，里面有火炕、壁橱和暖阁等。三层院落都设

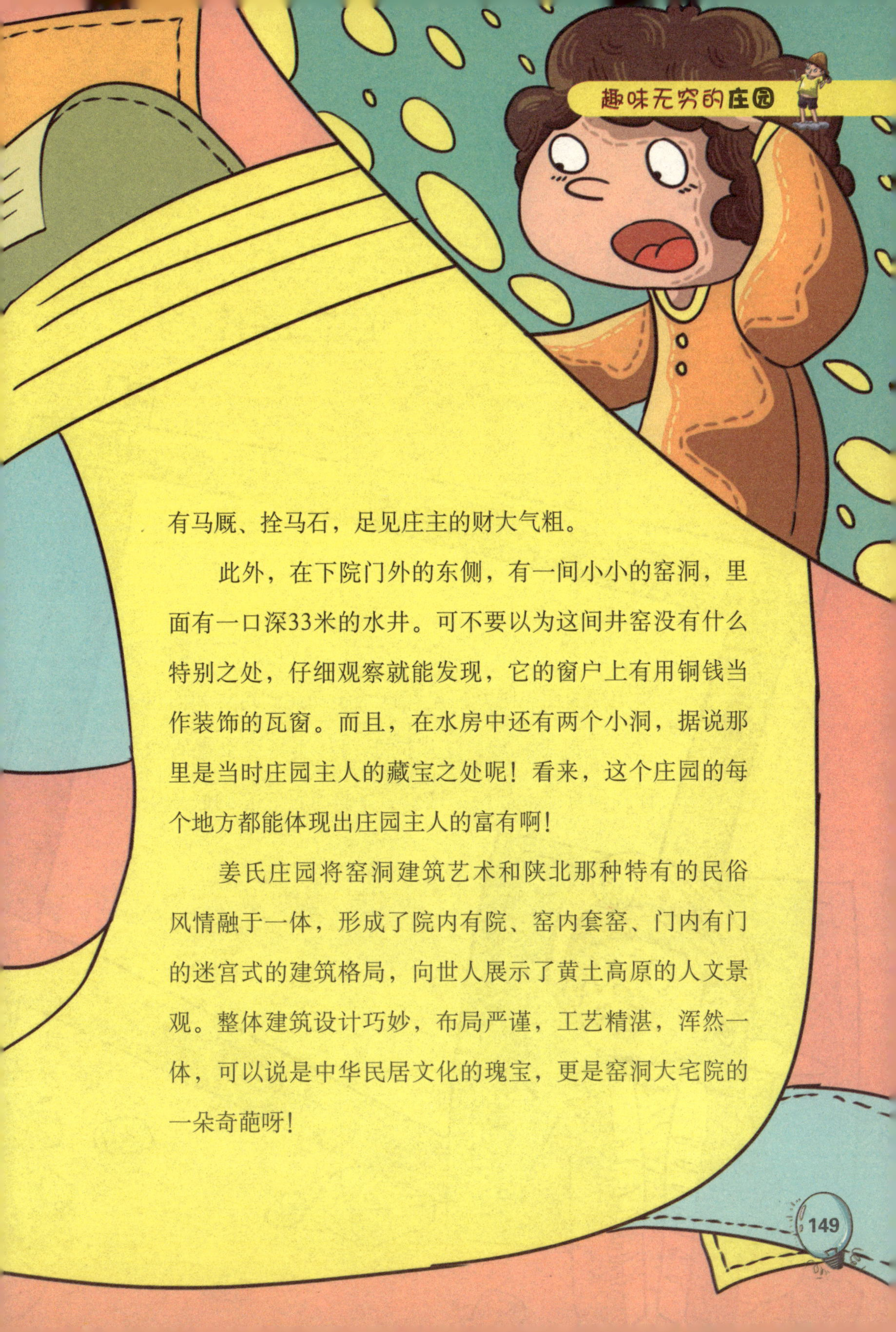

有马厩、拴马石，足见庄主的财大气粗。

此外，在下院门外的东侧，有一间小小的窑洞，里面有一口深33米的水井。可不要以为这间井窑没有什么特别之处，仔细观察就能发现，它的窗户上有用铜钱当作装饰的瓦窗。而且，在水房中还有两个小洞，据说那里是当时庄园主人的藏宝之处呢！看来，这个庄园的每个地方都能体现出庄园主人的富有啊！

姜氏庄园将窑洞建筑艺术和陕北那种特有的民俗风情融于一体，形成了院内有院、窑内套窑、门内有门的迷宫式的建筑格局，向世人展示了黄土高原的人文景观。整体建筑设计巧妙，布局严谨，工艺精湛，浑然一体，可以说是中华民居文化的瑰宝，更是窑洞大宅院的一朵奇葩呀！

独具民族特色的大屯土司庄园

说到土司，大家肯定会联想到我们吃过的一种叫土司的面包吧？但是，这个土司庄园可是和面包一点关系都没有哦，这里的土司其实是一个官职的名称。你肯定会好奇：这个名字真奇怪，它到底是什么

土司

样的官呢？在元朝时，当时的皇帝为了奖励那些在西北、西南地区立下战功的少数民族部落首领，同时也为了能让他们更加尽心地保护自己的领土，于是将他们封为土司。也就是说，这些被称为土司的人大多都是少数民族。后来，明朝和清朝也沿袭了这个土司官职。

假如你去过故宫，那么一定对过去皇帝居住的地方有一个大概的了解了。你一定会感慨，古代的皇帝生活太奢华了。但是，实际上，土司居住的地方也尤为奢华哦。现在我们就去贵州山区的一个名叫大屯土司的庄园去看看那些占地为王的土司生活吧，相信

你一定会有不小的收获呢!

大屯土司庄园是目前保存最为完整的彝族土司庄园之一,位于贵州西北部的乌蒙山深处,建于清朝,是当时彝族土司的住所,在崇山峻岭显得异常的宏伟。据说,当时修建这座庄园时,用了将近300名的工匠,花费了3年的时间才大功告成的!而且,大屯土司庄园的占地面积非常大,达到五六千平方米,放眼望去,就像是一座气势恢宏的大庄园。这座庄园面朝西向,依靠着大山而建,四周是砖头砌成的足有两米高的围墙,沿着围墙建起了6座土筑碉堡,非常的霸气。可以想象,当年的土司庄园守备该是何等的森严、庄重!不仅如此,在这个庄园里,有很多房子都

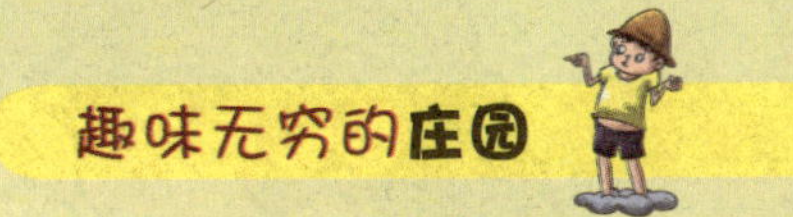

是仿制当时日本的寺庙而建。可以说，这个土司还是非常具有时尚感的呢！

庄园的整体布局以中轴为对称轴，对称地分布其两侧，可分为三路，每路都有三重堂宇，延续了我国唐朝时期建筑的昔风古韵。

左路的建筑有东花园、粮仓、绣楼等。东花园也叫“亦园”，主要是接待客人之用。园内的客房建筑十分

精美，装修华丽。院墙上有彩绘装饰，古色古香，十分幽雅。

中路的建筑有大堂、对厅以及正房。各个建筑之间有内墙相隔。墙檐下还有砖砌的斗拱，给人一种古朴厚重的感觉。大堂殿内立柱合围，恢弘大气，庄严肃穆。对厅内有书房、起居和家丁等的住房，是土司庄园里物质生活运作的中枢。

右路的建筑有西花园，花园中有三个小型的水池。园内藤蔓攀墙，翠竹掩映，这里还建有风雨桥、飞来椅、美人靠、回廊等，曲径通幽。在花园的后面，还有一座小巧别致的楼阁，非常幽静。这里是土司家族的祠堂，里面供奉着其祖先牌位，所以，这里也可以说是庄园中最圣洁的地方了。

在庄园大门朝前走去，你会发现用青石板铺成了笔直的一条小路，通向了山腰上的房子。庄园门楼是木制的，看起来高大而结实。在小路的两边都有一条小道，每一条路的尽头都有一些形态各异的建筑。似乎在宣告着住在这儿的人非常的有品位。走进门楼，右边是一个轿厅，可容纳十多个人吃住和活动。穿过轿厅，就是一个宽敞的院落。院落非常别致，有17级青石铺成的台阶，上面还刻有精美的龙虎图腾的图案。

不光如此，主人家还用高大的院墙将里外隔了开来，院墙的屋檐下建起了风格各异的翘角，仿佛将江南水乡的建筑也搬到了这大山的深处。最特别的是，那各式各样的碉堡静静地耸立在了庄园的最高处，让人看着都觉得有一种森严的感觉，不得不肃然起敬。

凡是来到大屯土司庄园参观的游人，都被那古朴典雅、庄重宏伟的建筑深深吸引了。它不但体现了我国古代殿宇的风格，而且展现了少数民族彝族的气派。悠然地漫步在花园的小路上，流连于楼阁亭台间，真是让人倍感新奇，乐不思蜀。